Achim Wambach

Klima muss sich lohnen

Achim Wambach

Klima muss sich lohnen

Ökonomische Vernunft für ein gutes Gewissen

HERDER

FREIBURG · BASEL · WIEN

MIX
Papier aus verantwortungsvollen Quellen
FSC® C014496

www.herder.de

Satz: ZeroSoft, Timişoara
Herstellung: GGP Media GmbH, Pößneck

Printed in Germany

ISBN Print: 978-3-451-39358-7
ISBN E-Book (EPUB): 978-3-451-82855-3
ISBN E-Book (PDF): 978-3-451-82856-0

Inhalt

Einleitung: Schlechtes Gewissen im Gewirr der Klimapolitik

Ein zufälliger Fund auf Twitter machte mich stutzig. Eine Recherche hatte ergeben, dass der Begriff „Carbon Footprint" 2003 tatsächlich durch einen Mineralölkonzern populär geworden war, nämlich durch das britische Unternehmen BP. Der Footprint war Teil einer größer angelegten Werbekampagne, um das Image des Konzerns zu verbessern. BP stand ursprünglich für British Petroleum und wurde in „Beyond Petroleum" umgedeutet. Das alte Logo wich einer stilisierten Blume. Dann folgte ein TV-Werbespot, in dem Londoner Passanten gefragt wurden, ob sie ihren CO_2-Abdruck kennen. Der Spot endete mit dem Appell: „Wir können alle etwas tun, um weniger zu emittieren."

BP war mit seiner Kampagne erfolgreich: Das Konzept des „Fußabdrucks" verbreitete sich rasant. Die Zahl der wissenschaftlichen Publikationen über den Carbon Footprint vervierfachte sich innerhalb von fünf Jahren; Zeitungen übernahmen den Begriff, und Unternehmen wie Regierungsorganisationen boten auf ihren Webseiten Rechner an, um den individuellen Fußabdruck zu ermitteln. BP hatte eigens für die Kampagne einen solchen Rechner entwickelt. Und es stimmt: Jeder von uns hinterlässt einen CO_2-Fußabdruck, etwa bei Flugreisen, beim Heizen oder durch die Nutzung von Autos mit Verbrennungsmotor. Und inzwischen überlegen immer mehr Menschen, wie sie ihren Fußabdruck reduzieren können, zum Beispiel durch die

Installation von Solaranlagen auf Dächern, durch den Kauf eines Elektrofahrzeugs oder indem sie, wann immer möglich, die Bahn nutzen, anstatt zu fliegen.

BP hat viel Geld für diese Werbekampagne ausgegeben. Warum? Warum investiert ein Mineralölunternehmen, das seine Gewinne mit Ölförderung und dem Betrieb von Tankstellen erzielt, in eine Kampagne zur Bekämpfung des Klimawandels? Und warum ausgerechnet BP, das nach einer Studie des Climate Accountability Institute von 2019 zu den sechs Rohstoffunternehmen weltweit zählt, deren Produkte seit 1965 am meisten zum CO_2-Ausstoß beigetragen haben? Ein entscheidender Grund war wohl, dass die Betonung des persönlichen Fußabdrucks die Verantwortung auf den Einzelnen verlagert und damit den Handlungsdruck auf Politik und Unternehmen verringert. Denn die unterschwellige Botschaft lautet, jeder fange am besten erst mal bei sich selbst an, bevor er Forderungen an andere stelle. Es ist natürlich schwerer, ein Unternehmen wie BP zu kritisieren, wenn man ein schlechtes Gewissen hat, weil man gerade mit dem Flugzeug nach Mallorca gereist ist und damit klimaschädliche Emissionen produziert hat.

Diese Betonung der individuellen Verantwortung ist eine Besonderheit der Klimapolitik. Bei anderen Politikfeldern ist dies anders. Nehmen wir zum Beispiel die Jugendarbeitslosigkeit, eines der größten strukturellen Probleme in Europa. Im Januar 2022 waren etwa 14 Prozent der zwischen 15- und 24-Jährigen auf dem Arbeitsmarkt in der EU erwerbslos. Im Vergleich zum Durchschnitt aller Erwerbstätigen war die Rate der Jugendarbeitslosigkeit damit mehr als doppelt so hoch. In Griechenland war sie mit 31 Prozent am höchsten, in Deutschland mit knapp 6 Prozent am niedrigsten, unter anderem deshalb, weil unser System der dualen Berufsausbildung für viele junge Menschen eine Brücke in den Arbeitsmarkt bildet. Wer ist nun für eine Arbeitsmarktpolitik verantwortlich, die sich auch um Jugendliche kümmert? Die Antwort ist klar: Das ist die Aufgabe der Regierung, und nicht jedes Einzelnen. Aber warum eigentlich nicht? Kann nicht jeder etwas zur Reduktion der Jugendarbeitslosigkeit beitragen? Man könnte etwa sein Auto bei einem Unternehmen kaufen, das besonders viele Jugendliche ausbildet; man könnte mit dem Zug fahren, falls die Deutsche Bahn AG mehr Jugendliche ausbildet als die Autokonzerne; man könnte den Arbeitgeber danach auswählen, ob er auch Jugendliche einstellt; man könnte von den Gemeinden verlangen, Jugendvollbeschäftigung anzustreben. Denn genau so wird über die Verantwortung des Einzelnen in der Klimapolitik diskutiert.

Tatsache ist, dass in vielen Politikbereichen das Handeln des Einzelnen, der Unternehmen und des Staats zusammenwirken. Dieses Buch zeigt für die Klimapolitik, wie diese unterschiedlichen Ebenen zusammenhängen. Denn wenn wir sichergehen wollen, dass das, was wir als Individuen machen, auch die gewünschte Wirkung zeigt, müssen wir zunächst das Gesamtgeflecht der Klimapolitik verstehen. Erst dann können wir beurteilen, welche Rolle jede und jeder Einzelne, jedes Unternehmen, jede Gemeinde, die Staaten und die EU spielen.

Die zentralen Fragen sind dabei: Was hilft, was schadet? Und da ist vieles unklar, übrigens auch in meiner Familie. Neulich stand eine Dienstreise nach Wien an, der Flug war schon gebucht. Als meine Kinder dies hörten, äußerten sie Protest: Ich könne doch auch mit der Bahn nach Wien fahren und solle aus Klimaschutzgründen Flüge vermeiden. Mein Argument, dass innereuropäische Flüge doch im europäischen Emissionshandel seien, stieß nur auf verständnisloses Kopfschütteln. Dies war der Anfang von vielen Gesprächen in der Familie über Klimapolitik, ihre Instrumente und ihr Zusammenspiel.

Denn aus einer guten Absicht heraus zu handeln, heißt nicht zwangsläufig, auch etwas Gutes zu bewirken. Oder, wie es der Soziologe Max Weber ausdrückte: „Wir müssen uns klarmachen, dass alles ethisch orientierte Handeln unter zwei voneinander grundverschiedenen [...] Maximen stehen kann: es kann ‚gesinnungsethisch' oder ‚verantwortungsethisch' orientiert sein." Während die Gesinnungsethik das Handeln nach der Absicht bewertet – eine Handlung ist gut, wenn man mit ihr etwas Gutes beabsichtigt –, bewertet die Verantwortungsethik die Handlung nach ihren Folgen – eine Handlung ist gut, wenn etwas Gutes daraus folgt.

Dieses Buch schlägt sich auf die Seite der Verantwortungsethik. Es ist entstanden aus vielen Vorträgen und Diskussionen mit Schülern, Studenten, Wissenschaftlern, Unternehmern, Politikern und der interessierten Öffentlichkeit.* In diesen Diskussionen habe ich viel gelernt, und auch gemerkt, dass es schnell zu Missverständnissen kommen kann, weil das Thema uns alle beschäftigt und betrifft. Deshalb sei vorneweg betont, dass das *Ob* der Klimapolitik nicht zur Disposition steht, ganz im Gegenteil: Das Ziel von Paris, die Erderwärmung im Vergleich zum vorindustriellen Zeitalter auf deutlich unter zwei Grad Celsius, möglichst auf 1,5 Grad zu beschränken, ist gesetzt. Die Europäische Union hat beschlossen, bis 2050 klimaneutral zu werden und ihre Emissionen bis 2030 im Vergleich zu 1990 um 55 Prozent zu reduzieren. Auch das ist gesetzt.

Das *Wie* zur Erreichung dieser Ziele ist aber viel unklarer, und darum geht es in diesem Buch. Was macht die EU, was sollte sie machen? Was sollen und können die Staaten machen, was die Gemeinden, was die Unternehmen, und was jeder Einzelne von uns? Dieses „Wie" entscheidet, ob uns die Energiewende ge-

* Für das Buch wurde der besseren Lesbarkeit geschuldet die Schreibform des generischen Maskulinums verwendet.

lingen wird und ob dafür überhaupt demokratische Mehrheiten gewonnen werden können. Wenn sie nämlich zu vielen Arbeitsplatzverlusten und hohen Preisbelastungen führt, kann die Begeisterung dafür auch schnell wieder kippen.

Diesen letzten Punkt sollte man nicht unterschätzen: Als die französische Regierung im November 2018 aus klimapolitischen Gründen den Benzinpreis um drei Cent und den Dieselpreis um sieben Cent anheben wollte, führte dies zu landesweiten Protesten. Die Demonstranten trugen gelbe Warnwesten, die bald das Markenzeichen dieser „Gelbwesten-Bewegung" wurden. Am Ende nahm die Regierung die Preiserhöhung zurück und leitete weitere Sozialmaßnahmen ein. Die Energiewende wird aber nicht ohne Kosten zu haben sein. Deshalb muss bei Klimaschutzmaßnahmen konsequent darauf geachtet werden, dass teure Ineffizienzen vermieden und ineffektive Maßnahmen nicht länger verfolgt werden.

Dieses Buch erklärt, welche politische Ebene welchen Beitrag zur Bekämpfung des Klimawandels leisten muss, und analysiert, was wirkt und was kontraproduktiv ist. Und es macht deutlich, was dies für jeden Einzelnen von uns bedeutet. Dafür wird herausgearbeitet, wie die Wirkung von klimapolitischen Instrumenten und unseren Handlungen wirtschaftlich zusammenhängt. Denn am Ende geht es darum, wie wir Gutes tun können, um Gutes zu bewirken.

Aufbruch in die sozial-ökologische Marktwirtschaft

Auch wenn die Coronapandemie die Nachrichten dominierte – rückblickend wird man 2021 wohl als ein sehr entscheidendes Jahr für die Klimapolitik in Europa bezeichnen. Zu Beginn des Jahres war dies noch nicht abzusehen. In ihrer Neujahrsansprache erwähnte Bundeskanzlerin Angela Merkel die Klimapolitik mit keinem Wort. Dabei hatte sie diese im Vorjahr noch in den Vordergrund gerückt und betont, all ihre Kraft dafür einzusetzen, „dass Deutschland seinen Beitrag leistet – ökologisch, ökonomisch, sozial –, den Klimawandel in den Griff zu bekommen". Um diese „Menschheitsherausforderung" zu bewältigen, müsse auch „alles Menschenmögliche" unternommen werden, so Merkel Anfang 2020. Ein Jahr später hatte jedoch eine andere Menschheitsherausforderung, nämlich die Coronapandemie, alles andere zunächst verdrängt.

Im März 2021 fällte dann aber das Bundesverfassungsgericht ein historisches Urteil und ermahnte die Bundesregierung, weitreichendere Maßnahmen zur Senkung der Emissionen vorzulegen. In der Urteilsbegründung hieß es, die bisherigen Maßnahmen würden „eine unumkehrbar angelegte rechtliche Gefährdung künftiger Freiheit" begründen. Mit anderen Worten: Heute müsse mehr getan werden, damit zukünftige Generationen nicht (noch) mehr tun müssen.

Die Europäische Kommission legte im Juli 2021 unter der Bezeichnung „Fit for 55" ein Maßnahmenpaket für ihren „European Green Deal" vor. Die 55 im Titel verweist darauf, dass die EU beabsichtigt, bis 2030 die Emission von Treibhausgasen um mindestens 55 Prozent gegenüber dem Wert im Jahr 1990 zu reduzieren.

Der Weltklimarat IPCC (Intergovernmental Panel on Climate Change) veröffentlichte im August 2021 den ersten Teil seines sechsten Sachstandsberichts, der auf fast 4.000 Seiten die aktuellen wissenschaftlichen Erkenntnisse zu Grundlagen, Ursachen und Ausmaß des Klimawandels zusammenführt. Er beschreibt eindrücklich, dass der Klimawandel menschengemacht ist und schneller und folgenschwerer verläuft als jemals zuvor. So steigt der Meeresspiegel in dem Szenario mit sehr niedrigen Treibhausgasemissionen bis 2100 bereits um 0,28 bis 0,55 Meter. Mit den Annahmen an die internationalen Bemühungen zum Klimaschutz in diesem Szenario ist es wahrscheinlich, dass im 21. Jahrhundert die globale Erwärmung nicht um mehr als zwei Grad Celsius zunimmt. In dem Szenario mit sehr hohen Treibhausgasemissionen würde der Temperaturanstieg 3,3 bis 5,7 Grad betragen, und der Meeresspiegel um 0,63 bis 1,01 Meter steigen. In diesem Szenario würden sowohl Temperatur wie auch Meeresspiegel über 2100 hinaus weiter ansteigen.

Im Dezember 2021 trat in Deutschland schließlich eine neue Bundesregierung ihre Arbeit an – mit Beteiligung der Partei Bündnis 90/Die Grünen. Im vorausgegangenen Wahlkampf hatten fast alle Parteien den Klimaschutz als wichtigste Aufgabe betont. Eine weitere Entwicklung im Jahr 2021 wurde in der Öffentlichkeit hingegen weniger bemerkt: Der Preis für klimaschädliche Emissionen im europäischen Zertifikatehandel stieg auf mehr als das Vierfache: Lag er 2020 zeitweilig noch unter 20 Euro, stieg er 2021 auf über 80 Euro pro Tonne CO_2.

Im Februar 2022 veröffentlichte der IPCC auch noch den zweiten Teil seines Sachstandsberichts zu „Folgen des Klimawandels, Anpassung und Verwundbarkeit“. Die zuständige Arbeitsgruppe stellte fest: „Die Auswirkungen, die wir heute sehen, treten viel schneller auf und sind zerstörerischer und weitreichender als vor 20 Jahren erwartet.“ Der dritte und letzte Teil erschien im April 2022. Unter dem Titel „Minderung des Klimawandels“ bewertet er die Fortschritte bei der Emissionsbegrenzung und zeigt Wege auf, die Emissionen weiter zu verringern. Er zeigt eindrücklich, dass mit den bisher angekündigten Klimaschutzbeiträgen der Länder das 1,5-Grad-Ziel wahrscheinlich nicht erreicht wird. Selbst das 2-Grad-Ziel könne dann nur erreicht werden, wenn nach 2030 massiv Emissionen reduziert würden. Hinter den drei Berichten mit insgesamt

10.537 Seiten stehen der Sachverstand von 740 Fachleuten aus 90 Ländern und sieben Jahre Arbeit.

Es besteht kein vernünftiger Zweifel mehr daran, dass Handlungsbedarf besteht. Das *Ob* ist also geklärt – aber nicht das *Wie*. Denn die Energiewende wirft ganz grundsätzliche Fragen auf: Wie erreicht man, dass mehr saubere Energie und weniger verschmutzende Energie produziert wird? Wer bezahlt dafür, und wer sollte dafür bezahlen? Was kann jeder Einzelne beitragen? Welche Rolle spielt der Staat und welche spielen der Markt und der Wettbewerb? Und schließlich die Kernfrage der Klimapolitik: Wie bekommt man den weltweiten Klimawandel in den Griff, obwohl man doch nur lokal agieren kann?

Die Klimapolitik besteht aus vielen Bausteinen, und wie bei einem Puzzlespiel kommt es auf die richtige Kombination der Teile an, damit ein sinnvolles Ganzes entsteht. Wenn man nur ein Puzzleteil betrachtet, lässt sich das Gesamtbild nicht erkennen und häufig passen Teile nicht zueinander. Genau das ist in der Klimapolitik oft der Fall: Einzelne Maßnahmen überraschen in ihrer Wirkung, manchmal verursachen sie sogar das Gegenteil dessen, was erwartet wird oder erwünscht ist. Das werden wir später im Einzelnen sehen. Setzt man die Einzelmaßnahmen jedoch richtig zusammen, dann ist das Ergebnis mehr als die Summe seiner Teile. Dies gilt im Kleinen, in privaten Entscheidungen und auf kommunaler Ebene, aber auch in der nationalen und internationalen Klimapolitik.

Klimaschutz ist eine Gemeinschaftsaufgabe, die auf verschiedenen Ebenen angegangen werden muss: global, europäisch, national und regional. Das Klima schert sich nicht darum, wo die klimaschädlichen Emissionen stattfinden. Um die Klimaerwärmung stoppen zu können, ist jede Weltregion und jedes Land gefordert. Die USA haben angekündigt, bis 2050 klimaneutral zu werden, China möchte dies bis 2060 erreichen. Die

EU strebt Klimaneutralität ebenfalls bis 2050 an und gibt ihren Mitgliedsstaaten den Rahmen für eigene Maßnahmen vor. Mit dem European Green Deal hat die EU-Kommission die Themen Klimaschutz, Ökologie und Nachhaltigkeit in den Mittelpunkt ihrer politischen Agenda gerückt. Die Bundesrepublik Deutschland hat angekündigt, sie wolle bereits 2045 klimaneutral sein, und verabschiedete dazu 2019 ein Klimaschutzgesetz. Nach der Intervention des Bundesverfassungsgerichts wurde dieses Gesetz 2021 angepasst und enthält nun noch strengere Zielvorgaben. Die neue Bundesregierung, in der auch die Grünen mitregieren, will gar das Wirtschaftsmodell Deutschlands umgestalten, von einer sozialen Marktwirtschaft zu einer sozial-ökologischen Marktwirtschaft.

In diesem institutionellen Geflecht bewegen sich Unternehmen, Kommunen und Privatpersonen, die alle einen Beitrag zum Klimaschutz leisten wollen. Es ist daher unabdingbar, die Wechselwirkungen zwischen den Maßnahmen dieser verschiedenen Ebenen in den Blick zu nehmen.

Im Folgenden untersuchen wir diese Wechselwirkungen anhand konkreter Beispiele: Zuerst geht es um die Effekte von Entscheidungen auf der lokalen Ebene: Ökostrom beziehen, Kompensationen für Flugreisen bezahlen, Solaranlagen auf Gebäuden installieren, Elektrofahrzeuge anschaffen, Radschnellwege ausbauen. Dann schauen wir uns die nationale und internationale Ebene an: Ausbauziele für erneuerbare Energien, Kohleausstieg, smarte Strompreise, Klima-Taxonomie. Auf den ersten Blick sind dies alles sinnvolle Maßnahmen. Aber was passiert genau, wenn diese Maßnahmen ergriffen werden? Was bewirken sie und welchen Beitrag leisten sie tatsächlich zur Erreichung der Klimaziele?

Um diese Fragen zu beantworten, ist eine volkswirtschaftliche Perspektive notwendig, denn entscheidend sind die Märkte und

Mechanismen im Hintergrund. Hier kommt der europäische Emissionshandel ins Spiel und der nationale CO_2-Emissionshandel, den Deutschland 2021 eingeführt hat. Demnächst spielt vielleicht auch noch ein zweiter europäischer Emissionshandel eine Rolle, den die EU-Kommission im Rahmen des European Green Deals plant. Jede einzelne Maßnahme greift zudem auf weitere Märkte zurück, wie etwa den Markt für Grünstromherkunftsnachweise oder den für Kompensationen etwa für Flugreisen.

Bevor wir die einzelnen Maßnahmen näher untersuchen, schauen wir uns deshalb zunächst diese Märkte an. Diese haben es in sich: Eingriffe auf der einen Marktseite – zum Beispiel durch weniger Verbrauch – wirken sich auf die Preise aus und beeinflussen damit das Verhalten anderer Marktteilnehmer. Wenn wir beispielsweise weniger Öl auf den Weltmärkten kaufen, fallen die Preise, und andere Länder kaufen mehr davon. Wir werden sehen, dass es viele Märkte gibt, die uns dabei helfen, die Klimaziele in Deutschland und in Europa zu erreichen. Eine gute Klimapolitik sollte diese Märkte unterstützen, indem sie die Voraussetzungen dafür schafft, dass diese entsprechend wirken können. Vor allem aber sollte sie sich nicht auf Nebenschauplätzen verrennen. Die konsequente Bepreisung von CO_2-Emissionen ist dafür wesentlich – über den jetzigen europäischen Emissionshandel, den geplanten neuen Emissionshandel und über einen CO_2-Preisausgleich für Importe: Schmutziges Verhalten muss teurer werden, und das entlang der ganzen Wertschöpfungskette. Dann spüren wir auch in den Preisen bei jedem Einkauf, bei jeder Reise und bei jeder größeren Anschaffung, welche Entscheidung mehr oder weniger klimafreundlich ist. Gutes Gewissen und günstige Preise fallen zusammen. Die CO_2-Preise sorgen dafür, dass der Einsatz für das Klima wirkt und effizient ist. Verschmutzung wird da eingespart, wo es am einfachsten geht. Das Erste macht den Klimaschutz wiederum kopierfähig – viele Länder in der Welt werden nur dann mitmachen, wenn sie sehen, dass es sich lohnt und sie nicht dadurch überfordert werden. Die soziale Marktwirtschaft, die uns so weit gebracht hat, wird dann als sozial-ökologische Marktwirtschaft ein Erfolgsmodell werden.

1. Europa auf dem Weg zur Klimaneutralität

Klimaschädliche Emissionen entstehen zumeist dann, wenn etwas verbrannt wird, insbesondere Erdöl, Erdgas und Kohle, also fossile Energieträger. Außerdem werden bei einigen Produktionsprozessen, wie zum Beispiel bei der Zementherstellung, klimaschädliche Gase frei. Schließlich entstehen sie auch in der Landwirtschaft, besonders bei der Tierhaltung und durch Düngung. Die EU-Kommission unterscheidet bei ihren Maßnahmen zur Senkung der Emissionen folgende Sektoren: Energiewirtschaft, Industrie, Gebäude, Verkehr und Landwirtschaft.

Wenn wir uns Deutschland anschauen, so macht hier die Energiewirtschaft den größten Anteil an klimaschädlichen Emissionen aus: Die vielen Kohle- und Gaskraftwerke waren 2020 für gut 30 Prozent des CO_2-Ausstoßes verantwortlich. Der Anteil des Sektors Industrie beträgt knapp 25 Prozent: Die Unternehmen haben teilweise eigene Kraftwerke; sie verbrennen Kohle, Öl und Gas, zum Beispiel für die Produktion von Stahl; teilweise entstehen Emissionen auch bei der Umwandlung von Stoffen im Produktionsprozess. Der weitaus größte Teil der Emissionen im Industriesektor entfällt auf die Herstellung von Stahl und Zement sowie auf die Grundstoffchemie. Der Anteil des Verkehrs liegt bei 20 Prozent. Verursacht werden die Emissionen durch all die vielen Autos und LKWs mit Verbrennungsmotor, die Diesel oder Benzin verbrauchen, durch Flugzeuge, die Kerosin verbrennen, und durch Züge, die auf nicht elektrifizierten Bahnstrecken noch mit Diesel fahren. Im Sektor Gebäude, der etwa 15 Prozent zu den Gesamtemissionen beiträgt, sind die Verursacher insbesondere Öl-, Gas- und Kohleheizungen. Die Landwirtschaft ist für knapp 10 Prozent des CO_2-Ausstoßes verantwortlich. Diese klimaschädlichen Emissionen haben die Verursacher und auch uns Konsumenten lange Zeit nichts gekostet. Wie kann man nun die Emissionen in die Marktwirtschaft einbinden und mit einem Preis versehen, sodass Angebot und Nachfrage die Reduktion der Emissionen steuern und wir unsere Klimaziele erreichen?

Europäischer Emissionshandel: Verschmutzung teuer machen

Die EU hat sich dazu folgendes System überlegt: Für Emissionen aus der Stromerzeugung, aus der energieintensiven Industrie und aus dem innereuropäischen Flugverkehr, die in Europa insgesamt etwa 40 Prozent der Emissionen ausmachen, wurde 2005 ein Emissionshandel eingeführt: das „EU Emission Trading System" (EU-ETS). Dieser Handel funktioniert folgendermaßen: Jeder, der in den genannten Bereichen Emissionen verursacht, muss dafür ein Zertifikat haben. Jedes Zertifikat gilt für eine Tonne CO_2. Wenn also ein Gaskraftwerk in einem Jahr 1 Mio. Tonnen CO_2 freisetzt, braucht es dafür eine Million Zertifikate. Diese Zertifikate bekommen Unternehmen teilweise von der Regierung geschenkt. Damit will man verhindern, dass Unternehmen, um die Kosten zu umgehen, ihre Produktion ins außereuropäische Ausland verlagern oder sie reduzieren und Unternehmen aus anderen Ländern die Produktion übernehmen – was für das Klima genauso schlecht wäre. Diese freien Zuteilungen sollen aber ab 2026 jedes Jahr um 10 Prozent zurückgehen, so sehen es zumindest derzeit die Pläne der EU-Kommission vor. Unternehmen, bei denen die Gefahr der Verlagerung nicht besteht, wie etwa Stromerzeuger, müssen diese Zertifikate kaufen, beispielsweise an der European Energy Exchange (EEX) in Leipzig. Nicht benötigte Zertifikate kann man an dieser Energiebörse auch wieder verkaufen.

Der Preis für ein Zertifikat – häufig auch CO_2-Preis genannt – lag Anfang 2022 bei etwa 80 Euro pro Tonne CO_2 (siehe Abbildung). Dieser Preis und seine künftige Entwicklung sind maßgeblich für das Verhalten eines Unternehmens. Denn es stellt sich die Frage: Ist es günstiger, mit Emissionen und den entsprechenden Zertifikaten zu produzieren, oder aber sauber ohne Emissionen und Zertifikate, oder sollte das Unternehmen lieber ganz auf die Produktion verzichten? Wenn sich das Unternehmen für den Standort Europa entschieden hat, dann ist es für die Entscheidung, ob es lieber sauberer oder schmutziger produziert, egal, ob es die Zertifikate geschenkt bekam oder kaufen musste. Da Zertifikate frei handelbar sind, können sie wie bares Geld eingesetzt werden. Ein Unternehmen kann zum Beispiel am Anfang des Jahres alle Zertifikate, die es bekommen hat, verkaufen, und dann nur zukaufen, wenn es welche benötigt.

Die folgende Abbildung (S. 22) zeigt den Preis für ein Emissionszertifikat im EU-ETS seit 2010. Waren die Preise ursprünglich noch sehr niedrig, ist seit 2021 ein starker Preisanstieg zu beobachten. Der Krieg in der Ukraine und die Sorge vor einem Wirtschaftseinbruch haben die Preise nur leicht zurückgehen lassen.

Der europäische Emissionshandel wurde 2005 eingeführt, um die Ziele des internationalen Klimaschutzabkommens von Kyoto zu erreichen. Alle Mitgliedsstaaten des Europäischen Wirtschaftsraums (EWR), also die EU-Mitgliedsstaaten plus Norwegen, Island und Liechtenstein, haben sich dem EU-Emissionshandel angeschlossen. Allerdings trat Großbritannien nach dem Brexit zum 1. Januar 2021 aus, dort ist jetzt ein nationales Emissionshandelssystem in Kraft.

Preisentwicklung der EU-Emissionszertifikate

Quelle: Ember, Carbon Pricing, https://ember-climate.org/data/carbon-price-viewer/ (Abruf am 02.05.2022)

In den Anfangsjahren war der Preis im EU-ETS sehr niedrig. Nach der Finanz- und Wirtschaftskrise 2008 lag er unter 20 Euro, lange Zeit sogar unter 10 Euro pro Tonne CO_2. Nach Meinung vieler Experten war dies viel zu niedrig, um relevante Anreize für Investitionen in saubere Technologien zu geben. Die EU-Kommission führte daraufhin eine sogenannte Marktstabilitätsreserve ein. Sie nahm Zertifikate aus dem Markt, wenn zu viele Zertifikate im Umlauf waren, und gab sie entweder später wieder in den Markt zurück oder legte sie still. Mittlerweile haben die Preise aber stark angezogen, und Studien gehen davon aus, dass sie weiter steigen und im Jahr 2030 zwischen 100 und 150 Euro liegen könnten.

Um die potenzielle Wirkung eines solchen Systems zu sehen, lohnt sich der Blick nach Großbritannien. Der britischen Regierung war zu Beginn der 2010er Jahre der Preis im EU-ETS viel zu niedrig, um genügend Anreiz zu bieten, in kohlenstoffarme

Stromerzeugung zu investieren. Sie führte deshalb einen eigenen höheren Preis für CO_2-Emissionen in der Stromerzeugung ein. Im Jahr 2011 präsentierte der damalige britische Schatzkanzler George Osborne den sogenannten Carbon Price Floor (CPF), einen Mindestpreis für CO_2, um die Investitionssicherheit für die Unternehmen zu erhöhen. Dieser CPF lag zunächst bei 16 Britischen Pfund pro Tonne CO_2 und stieg dann auf 18 Britische Pfund. Weitere Anstiege waren ursprünglich geplant, wurden dann aber aus Sorge vor Wettbewerbsnachteilen der britischen Industrie ausgesetzt.

Da die Erzeugung von Strom aus Kohle schmutziger ist als die Stromerzeugung aus Erdgas, mussten britische Kohlekraftwerke mit diesem CPF für ihre Produktion mehr bezahlen als Gaskraftwerke. Dadurch wurde Kohlestrom teurer als Gasstrom und war schließlich nicht mehr konkurrenzfähig. Den Briten gelang damit allein über den CO_2-Preis der Kohleausstieg: Während der Kohleanteil der Stromversorgung 2015 in Großbritannien bei 25 Prozent lag, wird Kohle heute kaum noch genutzt. Bis auf drei wurden alle Kohlekraftwerke stillgelegt, ohne dass hierfür eine Kohlekommission und Ausgleichszahlungen wie in Deutschland nötig waren.

Zertifikatpreise wirken also, wenn sie hoch genug sind. Eine Investition in eine saubere Technologie zahlt sich aber meist erst in ein paar Jahren aus und lohnt sich für ein Unternehmen daher eher, wenn davon auszugehen ist, dass der zukünftige CO_2-Preis recht hoch ist.

Der Emissionshandel ist auch deshalb ein wirksames Instrument der Klimapolitik, weil die EU-Kommission die Menge der Zertifikate beschränkt hat. Es gibt eine Emissionsobergrenze, den sogenannten Cap, der bestimmt, wie viel die Unternehmen insgesamt ausstoßen dürfen. Diese Gesamtmenge richtet sich nach den europäischen Einsparzielen. Ziel ist es, die Emissionen in den am Emissionshandel beteiligten Sektoren bis 2030 um insgesamt 43 Prozent gegenüber 2005 zu senken. Im Zuge des European Green Deals mit seinen verschärften Klimazielen soll dieser Wert angepasst werden auf 61 Prozent. Die Zahl der ausgegebenen Zertifikate soll jährlich nicht wie bisher vereinbart um 2,2 Prozent, sondern um 4,2 Prozent gekürzt werden. Die Reduzierung der Menge trägt natürlich auch zu einem Anstieg des CO_2-Preises bei, was wiederum den Druck auf die Unternehmen erhöht, ihren CO_2-Ausstoß zu verringern. Der Cap bezeichnet dabei die gesamte Menge an Zertifikaten über die Jahre hinweg – da Unternehmen auch Zertifikate ins nächste Jahr mitnehmen können, ist die Summe der jährlichen Zertifikate dafür ausschlaggebend, wie viel Emissionen diese Unternehmen bis 2030 emittieren.

Der Emissionshandel ist eine tolle Sache. Warum? Weil er zum einen dazu führt, dass die Emissionsziele erreicht werden, denn die Anzahl der Zertifikate ist exakt so festgelegt, dass sie den europäischen Klimazielen in diesen Sektoren entsprechen. Zum anderen führt der Handel dazu, dass der Rückgang der Emissionen auf möglichst effiziente Art und Weise geschieht – es wird nämlich dort CO_2 reduziert, wo es am günstigsten ist. Ein Unternehmen, das seine CO_2-Emissionen ohne viel Aufwand reduzieren kann, wird eher entsprechende Maßnahmen ergreifen, als sich Zertifikate zu kaufen, und wird sogar überflüssige Zertifikate verkaufen. Diese werden dann von einem anderen Unternehmen gekauft, dem es schwerer fällt, CO_2 zu reduzieren. Die Politik befürwortet den Emissionshandel auch deshalb, weil der Verkauf der Zertifikate Einnahmen generiert. Einige der Zertifikate werden den Unternehmen zwar geschenkt, gut die Hälfte aber verkaufen die EU-Staaten, häufig über die Börse EEX. In 2021 wurden durch den Verkauf der Zertifikate an der EEX über 5,3 Mrd. Euro für Deutschland erlöst. Es ist also insgesamt ein sehr gutes System, das zu einer effizienten Zielerreichung führt – weshalb es auch in vielen volkswirtschaftlichen Lehrbüchern angepriesen wird.

Doch gibt es eine Nebenwirkung, die man kennen sollte: Die Festlegung der Gesamtmenge, des Caps, führt dazu, dass sich die Emissionen in der EU nicht reduzieren, wenn beispielsweise ein Kohlekraftwerk vom Netz geht. Natürlich emittiert dieses Kraftwerk dann kein CO_2 mehr. Aber die Zertifikate, die es nicht mehr benötigt, werden von anderen Unternehmen gekauft, die dann entsprechend mehr emittieren können. Dies nennt man den „Wasserbetteffekt“: Drückt man an einer Stelle auf die Matratze, schwappt das Wasser zu einer anderen Stelle des Bettes. Verbraucht ein Unternehmen weniger Zertifikate, werden an anderer Stelle – bei anderen Unternehmen, in anderen Ländern – mehr Zertifikate verbraucht, und die Gesamtmenge der Emissionen ändert sich nicht. Oder um es an einem anderen Beispiel zu verdeutlichen: In der Fastenzeit möchte meine Familie den Schokoladenriegelkonsum einschränken, wir haben aber noch 15 Riegel übrig. Um den Übergang sanfter zu machen, legen wir in der ersten Woche zehn Schokoriegel in die Süßigkeitenschale, und in der nächsten Woche fünf. Dann werden am Ende in jedem Fall 15 Riegel gegessen. Wenn ich darauf verzichte, einen Riegel zu essen, essen ihn halt meine Kinder. Der Cap, also die 15 Riegel, sorgt dafür, dass die Gesamtmenge gleich bleibt. Auf diesen Wasserbetteffekt werden wir noch häufiger zurückkommen.

Klimalastenteilung: Jedes Land nach seinen Möglichkeiten

Die vom EU-ETS erfassten Unternehmen im Energie- und Industriesektor sowie im innereuropäischen Flugverkehr sind für 40 Prozent der Emissionen in der Europäischen Union verantwortlich. Es verbleiben also noch 60 Prozent, die von den Sektoren Gebäude, Verkehr und Landwirtschaft produziert werden (siehe Abbildung). In diesen drei Sektoren, die nicht im EU-ETS sind, sollen die Emissionen in Europa bis 2030 um 30 Prozent gegenüber 2005 sinken. Im Rahmen des European Green Deals will die EU-Kommission dieses Ziel auf 40 Prozent verschärfen; als Reaktion auf den Krieg in der Ukraine sind sogar 45 Prozent im Gespräch.

Um eine solche Reduktion zu erreichen, haben die EU und die Mitgliedsstaaten gemeinsam nationale Grenzwerte für diese Sektoren festgelegt. Sie unterscheiden sich je nach Land, sind aber so kalkuliert, dass die EU insgesamt auf 30 Prozent Einsparung kommt. Die Grenzwerte richten sich nach der Wirtschaftsleistung des jeweiligen Landes. Ärmere Länder dürfen ihre Emissionen sogar ausweiten, um gegenüber reicheren aufholen zu können. Reichere Länder müssen mehr leisten, so zum Beispiel Dänemark, Irland und Luxemburg, die bei der Einführung des Systems 2005 das höchste Pro-Kopf-Einkommen in der EU hatten.

Diese Klimalastenteilung in den Sektoren Verkehr, Gebäude und Landwirtschaft wird „Effort Sharing Regulation" (ESR) genannt. Die Staaten sollen jedes Jahr berichten, inwiefern ihnen eine Reduzierung gelungen ist. Sollte dies nicht der Fall sein, können sie von anderen Staaten, die mehr als notwendig geleistet haben, Zuteilungen abkaufen, sprich das Recht, über den Grenzwert hinaus zu emittieren. Die Abbildung zeigt die Aufteilung der Sektoren auf die beiden Einsparinstrumente der EU.

Bei der ESR kommt es also darauf an, was jedes einzelne Land macht. Allerdings ist unklar, was passiert, wenn alle Staaten ihre Ziele verfehlen. Die ESR verschiebt die Verantwortung auf die einzelnen Länder. Das ist problematisch, da es so nur schwer gelingen wird, effizient die Klimaziele zu erreichen. Besser wäre es, wenn es in Europa einen gemeinsamen CO_2-Preis für diese

Sektoren gäbe. Dann würde genau dort eingespart, wo es am billigsten möglich ist. Damit das erreicht wird, hat die EU-Kommission im Rahmen des European Green Deals vorgeschlagen, einen zweiten europäischen Emissionshandel für die Treib- bzw. Brennstoffversorgung in den Sektoren Verkehr und Gebäude zu schaffen. Der Name steht auch schon: ETS 2. Ob es dazu kommt, bleibt abzuwarten. Es wäre aber sinnvoll. Die nationalen Ziele in der ESR sollen aber bestehen bleiben.

Aufteilung der Sektoren auf den EU-ETS und die ESR

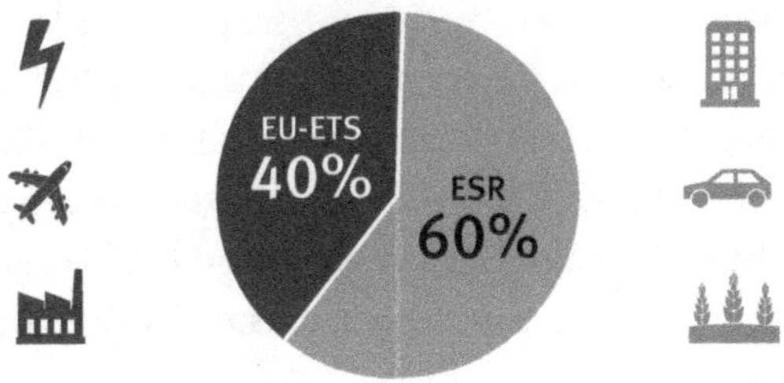

Quelle: eigene Darstellung

Emissionshandel in Deutschland: Die marktwirtschaftliche Lösung

Die Bundesregierung hat im Klimaschutzgesetz von 2019 festgelegt, wie sie diese nationalen Ziele erreichen will. Der wichtigste Baustein dafür ist ein eigener nationaler Emissionshandel für die Bereiche Gebäude und Verkehr, der 2021 eingeführt wurde. Für die Landwirtschaft, die weder in den europäischen noch in den deutschen Emissionshandel integriert ist, gelten eigene Regelungen. Unternehmen, die Heizöl, Erdgas, Benzin und Diesel in den Markt bringen, müssen jetzt für den Treibhausgasausstoß, den diese Brennstoffe verursachen, Emissionsrechte erwerben. Der Preis für diese Rechte begann 2021 mit 25 Euro pro Tonne, lag 2022 bei 30 Euro und steigt weiter schrittweise auf 55 Euro im Jahr 2025. Danach soll auch der Handel mit den Zertifikaten möglich sein, allerdings zunächst nur im Rahmen eines Preiskorridors von 55 bis 65 Euro. Die Gesamtmenge der Zertifikate für den CO_2-Ausstoß soll auch hier entsprechend den Klimazielen begrenzt werden.

Dies dürfte allerdings schwierig werden, denn man kann in einem Markt nicht gleichzeitig die Menge und den Preis festlegen. Das regeln Angebot und Nachfrage: Wenn die Unternehmen sehr viele Zertifikate benötigen, steigt entweder der Preis über 65 Euro oder die Regierung muss zusätzliche Zertifikate in den Markt geben. Da sich Deutschland dazu verpflichtet hat, eine bestimmte Menge CO_2 einzusparen, spricht einiges dafür, dass der Preiskorridor aufgehoben wird, und die Menge im Einklang mit den Einsparzielen begrenzt wird. Es gäbe dann auch hier einen Cap.

Wenn sich die EU-Kommission mit ihrem Vorschlag durchsetzt, auch für diese Sektoren einen europäischen Emissionshandel zu schaffen, wird man den deutschen in diesen integrieren müssen. Ein eigener Preisdeckel für Deutschland wird dann schwer zu halten sein. Studien gehen davon aus, dass der Preis in Europa sogar auf 300 Euro pro Tonne CO_2 steigen könnte, wenn die Ziele eingehalten werden sollen und keine weiteren Maßnahmen ergriffen werden. Vermutlich werden die Regierungen deshalb versuchen, mit Förderprogrammen, etwa für Elektromobilität und Wärmepumpen, Umstellungen zu erleichtern, damit die Menge an ausgestoßenem CO_2 zu verringern und solche Preishöhen zu vermeiden.

Allerdings sei an dieser Stelle noch einmal gesagt, dass hohe Preise im Zertifikatehandel gewünscht sind, da sie den Unternehmen Anreize bieten, in Technologien zu investieren, die einen CO_2-Ausstoß vermeiden. Weil die Unternehmen die hohen Kosten aber zunächst an die Verbraucher weitergeben werden, müssen solche Maßnahmen sozialpolitisch begleitet werden. Die Bundesregierung hat deshalb beschlossen, mit den Einnahmen aus dem Zertifikatehandel die Stromkosten zu senken.

Konzeptionell ist die europäische Klimapolitik mit diesen Programmen gut aufgestellt: Ein Teil der Emissionen (aus Strom, Industrie und innereuropäischem Flugverkehr) fällt in das EU-ETS und ist durch die Menge der Zertifikate begrenzt. Die Reduktion des anderen Teils der Emissionen (aus Gebäuden, Verkehr und Landwirtschaft) fällt in den Aufgabenbereich jedes einzelnen Landes, das Zielvorgaben im Rahmen der ESR hat. Vielleicht wird es für Gebäude und Verkehr demnächst einen zweiten europäischen Emissionshandel geben. Zunächst hat Deutschland dafür aber einen eigenen Emissionshandel eingeführt.

Die folgende Abbildung zeigt die Entwicklung der Emissionen in Deutschland in den vergangenen drei Jahrzehnten und das für 2030 angestrebte Ziel nach Sektoren. Da die Preise im Zertifikatehandel bis 2019 noch sehr gering waren und unter 10 Euro pro Tonne CO_2 lagen, ist der Rückgang der Emissionen bis zu diesem Zeitpunkt eher auf andere Maßnahmen zurückzuführen, wie zum Beispiel auf die Förderung erneuerbarer Energien. Diese Maßnahmen haben übrigens auch dazu beigetragen, dass die Preise im EU-ETS so niedrig waren: Wenn in Deutschland die erneuerbaren Energien gefördert werden, wird weniger schmutziger Strom in Deutschland produziert. Deshalb werden hier weniger Zertifikate benötigt und der Preis für Zertifikate fällt.

Die stark reduzierten Emissionen im Jahr 2020 sind eine Konsequenz des Wirtschaftseinbruchs infolge der Coronapandemie. Im Jahr 2021 wurden in Deutschland schon wieder 762 Mio. Tonnen Treibhausgase ausgestoßen, und damit 4,5 Prozent mehr als 2020.

Entwicklung der Treibhausgasemissionen in Deutschland

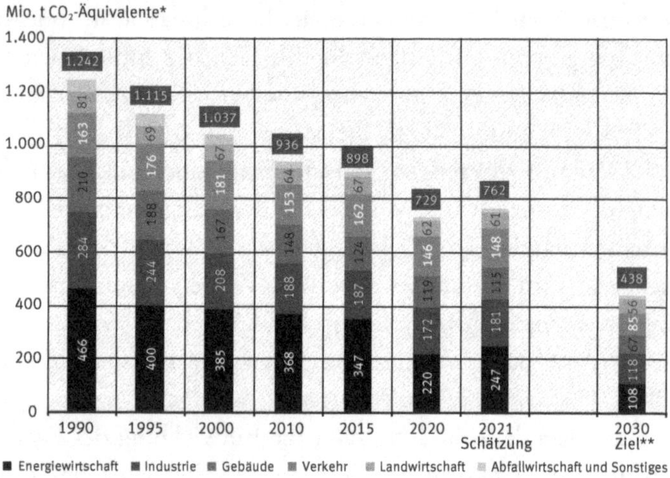

Quelle: Umweltbundesamt, Treibhausgas-Emissionen, 02.05.2022, https://www.umweltbundesamt.de/themen/klima-energie/treibhausgas-emissionen (Abruf am 20.05.2022)
** Ein CO_2-Äquivalent beschreibt, wie viel eine genau definierte Masse eines Treibhausgases über einen festgelegten Zeitraum im Vergleich zu CO_2 zum Treibhauseffekt beiträgt.*
*** entsprechend der Novelle des Bundes-Klimaschutzgesetzes vom 12.05.2021*

Alle Instrumente gemeinsam (EU-ETS, ESR und deutscher Emissionshandel) bilden den Rahmen für die Energiewende, also die Abkehr von der Energiegewinnung aus fossilen Brennstoffen, die das letztendliche Ziel der Klimapolitik ist. In diesem Rahmen bewegen sich die einzelnen politischen Maßnahmen, die in den folgenden Kapiteln vorgestellt werden.

2. Unter dem Brennglas: 5 x Klimapolitik für die Gemeinde

Die EU und Deutschland haben sich also sehr ambitionierte Programme vorgenommen, um auf den Klimawandel zu reagieren. Es wurde auch Zeit. Diese Programme werden Auswirkungen auf uns alle haben, etwa durch eine Erhöhung der Preise für Benzin, Erdöl und Erdgas oder das Auslaufen von Verbrennerfahrzeugen. Darauf gilt es sich vorzubereiten. Die Kommunen können ihren Teil dazu beitragen, dass ihre Einwohner besser mit diesen Auswirkungen umgehen können.

Mehr als 70 Kommunen haben seit 2019 den Klimanotstand ausgerufen, also erklärt, dass eine Krise besteht, die besondere Maßnahmen erfordert – von Großstädten bis hin zu kleinen Gemeinden. Für Köln heißt das beispielsweise, dass die „Eindämmung des Klimawandels in der städtischen Politik eine hohe Priorität besitzt und zukünftig bei allen Entscheidungen grundsätzlich zu beachten ist". Ein anderes Beispiel ist die schwäbische Gemeinde Schorndorf mit 40.000 Einwohnern. Hier brachte 2020 eine Bürgerinitiative per Bürgerentscheid einen Antrag zu Klimaneutralität in den Gemeinderat ein, und dieser beschloss, bis 2035 Klimaneutralität zu erreichen.

Um es konkret zu machen: Stellen Sie sich vor, Sie sind Mitglied im Gemeinderat, und Ihre Gemeinde hat beschlossen, klimaneutral zu werden, wie Schorndorf. Nun kommt die Kämmerin in die Sitzung und schlägt fünf Projekte vor, die man umsetzen könnte, um den Kampf gegen den Klimawandel zu unterstützen.

1. Der Strom für die Gemeinde wird auf Ökostrom aus erneuerbaren Energiequellen umgestellt.
2. Für dienstliche Flugreisen werden Klimaausgleichszahlungen geleistet.
3. Auf allen Gebäuden der Gemeinde werden Solaranlagen installiert.
4. Die Fahrzeugflotte der Gemeinde wird auf Elektrofahrzeuge umgestellt.
5. Es wird ein neuer Radschnellweg zur Nachbargemeinde gebaut.

Dies sind alles Maßnahmen, die auf die eine oder andere Art bereits umgesetzt oder geplant werden: So hat die Stadt Köln ihren Strombezug umgestellt – die elektrische Versorgung der Kitas, Behörden und Museen erfolgt nun zu 100 Prozent aus Grünstrom. Baden-Württemberg kompensiert dienstliche Flüge von Mitarbeitern der obersten Dienstbehörden und der staatlichen Hochschulen. In Heilbronn baut die regionale Energiegenossenschaft Solaranlagen auf geeignete städtische Liegenschaften. Kommunen von Stuttgart bis Pinneberg stellen ihre Fuhrparks auf Elektrofahrzeuge um, von Aachen bis Dresden fahren immer mehr E-Busse im öffentlichen Personennahverkehr (ÖPNV), und Heidelberg und Mannheim bauen einen Radschnellweg zwischen den beiden Städten.

Eigentlich alles gute Vorschläge. Doch Ihre Gemeinde hat nicht das Geld, um alles zu finanzieren. Die Schule muss renoviert werden, ein neuer Kindergarten ist erforderlich, das Rathaus benötigt dringend eine bessere IT-Infrastruktur und der Sportverein einen neuen Sportplatz. Sie müssen die Vorschläge also abwägen und entscheiden, welche davon Sie umsetzen wollen. Aber nach welchen Kriterien?

Wir werden im Folgenden bei der Bewertung zwei Ziele in den Fokus nehmen:

1. Führt die Maßnahme zu einer Reduktion von klimaschädlichen Emissionen?
2. Trägt die Maßnahme dazu bei, dass die Gemeinde für die Energiewende hin zu erneuerbaren Energien besser aufgestellt ist?

Das erste Ziel entspricht dem originären Ziel der Klimapolitik – klimaschädliche Emissionen vermeiden. Das zweite Ziel ergibt sich daraus, dass mit der Energiewende eine enorme Transformation der Wirtschaft und Gesellschaft stattfindet – die wohl größte seit der industriellen Revolution im 19. Jahrhundert. Und wie bei jeder Transformation wird es dabei Gewinner und Verlierer geben. Je besser eine Gemeinde auf diese tiefgreifenden Veränderungen vorbereitet ist, desto besser wird es ihr gelingen, alle dabei mitzunehmen. Schauen wir uns deshalb jetzt unter dieser Maßgabe die fünf Maßnahmen genauer an, die dem Gemeinderat vorliegen.

Bezug von Ökostrom bewirkt keinen CO_2-Rückgang

In Köln werden wie gesagt die städtischen Gebäude seit Anfang 2021 mit Ökostrom versorgt. Nachdem die Stadt den Klimanotstand erklärt hatte, forderte sie bei einer europaweiten Ausschreibung für ihre Energielieferverträge, dass die elektrische Energie für die Liegenschaften der Stadt Köln zu 100 Prozent aus erneuerbaren Energiequellen stammen müsse. Dies führte in der Stadt zu einigem Ärger, da der heimische Energielieferant, die RheinEnergie AG, die zu 80 Prozent im Besitz der Stadt Köln ist, den Auftrag nicht für sich gewinnen konnte. Aber so ist der

Wettbewerb, wer das Produkt besser oder günstiger liefern kann, bekommt den Zuschlag. Problematisch ist etwas anderes: Diese Maßnahme hat keinen Klimaeffekt, sie bewirkt keine CO_2-Reduktion. Warum?

Zur Beantwortung der Frage müssen wir uns zunächst anschauen, was genau passiert, wenn die Stadt Köln sogenannten Grünstrom kauft. Der „normale" Strom wird an der Strombörse in Paris, der EPEX SPOT, gehandelt. Die Energieversorger kaufen dort den Strom, der gerade angeboten wird. Der Anteil aus erneuerbaren Energien ist an manchen Tagen mehr, an anderen Tagen weniger – je nachdem, ob der Wind weht und die Sonne scheint. Die Regel ist ein Strommix aus fossilen und erneuerbaren Energiequellen, der über die Stromnetze verteilt wird. Am Ende kommt der Strom „aus der Steckdose", und man sieht ihm nicht an, ob mehr oder weniger erneuerbare Energien dafür verantwortlich waren.

Wie kann es dann Ökostrom geben? Beim Grünstrom kaufen die Energieversorger zusätzlich zu dem Strom, den sie an der Strombörse erwerben, sogenannte Herkunftsnachweise. Auch die RheinEnergie hatte angeboten, Strom mit solchen Herkunftsnachweisen an die Stadt Köln zu liefern. Am Ende war der Wettbewerber aber günstiger.

Diese Herkunftsnachweise werden von Unternehmen verkauft, die Strom aus erneuerbaren Energien produzieren. Das klingt gut – Unternehmen, die aus erneuerbaren Energien Strom produzieren, verdienen also doppelt: Sie können den Strom und dann auch noch die Herkunftsnachweise verkaufen. Es lohnt sich also noch mehr, in erneuerbare Energien zu investieren. Theoretisch stimmt das, praktisch aber nicht. Der Grund ist, dass es sehr viele Anlagen für die Stromherstellung aus erneuerbaren Energien in Europa gibt – zwar immer noch viel zu wenige für die Energiewende, aber ziemlich viele für den Herkunftsnachweisemarkt.

Die Erneuerbare-Energien-Anlagen in Deutschland zählen hier übrigens zum größten Teil noch nicht einmal mit, weil sie durch das Erneuerbare-Energien-Gesetz (EEG) gefördert werden. Sie dürfen deshalb nicht auch noch Herkunftsnachweise verkaufen – weil durch die gleichzeitige staatliche Förderung der Wettbewerb auf dem europäischen Herkunftsnachweisemarkt sonst nicht fair wäre.

Das Angebot an Herkunftsnachweisen ist insbesondere wegen der vielen Wasserkraftwerke in Skandinavien sehr groß. Aber nicht nur das Angebot ist groß, auch die Nachfrage ist klein: Derzeit gibt es noch nicht so viele Käufer dieser Herkunftsnachweise. Neben einzelnen Kommunen wie Köln beziehen auch manche Privatpersonen Ökostrom – im Jahr 2020 waren es knapp 13 Mio. Haushalte in Deutschland. Es verwundert daher nicht, dass die Preise für diese Herkunftsnachweise sehr gering sind. So bewegte sich der Preis für Wind-Herkunftsnachweise 2019 zwischen 40 und 50 Cent pro Megawattstunde (MWh), 2020 wurde der Nachweis für 75 bis 85 Cent/MWh gehandelt. Zum Vergleich: Der Strom an der Börse kostet im Jahresdurchschnitt zwischen 30 und 50 Euro/MWh, also um ein Vielfaches mehr. Solange die Preise für Herkunftsnachweise so niedrig sind, lohnt es sich nicht, nur wegen der Aussicht auf den Verkauf von Herkunftsnachweisen neue Erneuerbare-Energien-Anlagen zu bauen. Die Nachfrage nach Grünstrom müsste schon massiv steigen, um diesen Angebotsüberhang auszugleichen und damit zu höheren Preisen zu führen.

Nun könnte man sagen, dass dies nur eine Momentaufnahme ist. Wenn viele Gemeinden und Verbraucher Grünstrom kaufen, dann steigt die Nachfrage nach Herkunftsnachweisen, und dann wird das existierende Angebot an erneuerbaren Energien nicht mehr ausreichen. Der Preis für Herkunftsnachweise wird steigen, und es wird sich vielleicht lohnen, auch wegen der Aussicht auf den Verkauf solcher Nachweise neue Wind- und Solarkraftwerke zu bauen. Doch selbst wenn dem so wäre, würde diese Maßnahme zu keiner Reduktion von Emissionen führen.

Der Grund dafür ist, dass die Stromerzeugung Teil des EU-ETS ist und hier der Wasserbetteffekt wirkt: Weniger Emissionen an einer Stelle führen zu mehr Emissionen an anderer Stelle. Wenn zusätzlicher Strom aus erneuerbaren Energien produziert wird, werden weniger CO_2-Emissionszertifikate im Strommarkt benötigt, die dann aber an anderer Stelle verbraucht werden, etwa in der Industrie, oder in einem anderen Land, da das EU-ETS ja ein europäischer Markt ist. Wenn in Deutschland weniger Emissionszertifikate im EU-ETS benötigt werden, fällt der Preis dieser Zertifikate, und Unternehmen aus anderen Ländern haben einen Anreiz, mehr davon zu kaufen. Am Ende bleibt die insgesamt ausgestoßene Menge gleich, dafür sorgt ja der Cap des Emissionshandels. Der Kauf von Grünstrom ändert also nichts an den Gesamtemissionen in Europa.

Dies ist gewollt und keine böse Absicht. Das EU-ETS legt die Menge der Zertifikate fest, und der Handel mit diesen Zertifikaten führt zu einem Preis für CO_2. Strom aus Kohle und Gas wird dadurch teurer, und Strom aus erneuerbaren Energien relativ günstiger. Klimaschutz lohnt sich. Unternehmen werden sich überlegen, ob sie bei hohen CO_2-Zertifikatpreisen noch länger mit schmutzigen Technologien arbeiten wollen. Das heißt, wir werden immer mehr sauberere Technologien und immer mehr erneuerbare Energien sehen. Aber eine Gemeinde, die überlegt, wofür sie ihr Geld ausgibt, muss nicht auch noch in Herkunftsnachweise investieren. Dies hat keinen zusätzlichen Klimaeffekt. Dieser Wirkmechanismus, dass zusätzlicher Strom aus erneuerbaren Energien wegen des Wasserbetteffekts keine zusätzlichen CO_2-Einsparungen in Europa mit sich bringt, gilt allgemein und natürlich auch für Haushalte – der Kauf von Grünstrom mag gut für das Gewissen sein, aber hinsichtlich der CO_2-Emissionen ist er neutral.

Da der Kauf von Grünstrom auch nicht zum zweiten Ziel beiträgt, der Gemeinde also auch nicht hilft, sich besser für die Energiewende aufzustellen, ist der Kauf von Ökostrom nicht zu empfehlen. Es wäre sinnvoller, die Stadt Köln würde die Mittel stattdessen in andere Projekte investieren, auf die wir später eingehen.

Ausgleichszahlungen für Flugreisen wirken umso mehr, je mehr innereuropäisch geflogen wird

In Baden-Württemberg sind die obersten Dienstbehörden gemäß § 4 Landesreisekostengesetz dazu verpflichtet, „zum Klimaausgleich für dienstlich veranlasste Flugreisen von Mitgliedern der Landesregierung und Bediensteten der Landesministerien sowie der jeweiligen nachgeordneten Behörden jährliche Ausgleichszahlungen auf der Grundlage der bestehenden Entscheidungen der Landesregierung zu leisten. Gleiches gilt für die staatlichen Hochschulen." Der Grund dafür liegt auf der Hand – Flüge, genauer natürlich die Flugzeuge, zählen zu den größten Emittenten von Treibhausgasen. Etwa 2,5 Prozent des menschengemachten CO_2 gehen auf den Flugverkehr zurück. Hinzu kommen die Auswirkungen von Stickoxiden und Wasserdampf. Häufig wird deshalb der CO_2-Ausstoß eines Flugzeugs mit dem Faktor 3 bis 5 multipliziert, um die tatsächlichen Gesamtemissionen anzuzeigen. Und insbesondere die Mitarbeiter von Hochschulen fliegen viel. Eine Studie aus der Schweiz ergab, dass ein Drittel der CO_2-Emissionen der École Polytechnique Fédérale de Lausanne den Flügen der Wissenschaftler zuzurechnen war. Aus Baden-Württemberg wurde berichtet, dass für Flugreisen von Landesbediensteten im Jahr 2018 rund 12,5 Mio. Euro ausgegeben wurde, und damit etwa 20 Prozent mehr als noch 2016. Davon entfielen 10,2 Mio. Euro auf Mitarbeiter von Hochschulen.

Die Möglichkeit, Geld für Maßnahmen zu spenden, die den CO_2-Ausstoß eines Flugs kompensieren sollen, gibt es schon seit einiger Zeit. Bei Atmosfair, einem Anbieter für derartige Kompensationszahlungen, kostete 2022 die Kompensation für den Hin- und Rückflug Berlin-Madrid in der Economy Class 20 Euro. Für den Flug werden 832 Kilogramm CO_2 angegeben. Wenn man dies umrechnet, kommt man auf einen CO_2-Preis von 24 Euro pro Tonne.

Kompensationen sind doch ein gutes Instrument, wenn man schon fliegen muss, oder? Die Deutsche Forschungsgemeinschaft (DFG) hat diese übrigens auch eingeführt – bei jedem Forschungsantrag kann man zusätzliche Mittel für die Kompensation der Emissionen beantragen, die zum Beispiel durch Reisen zu Konferenzen entstehen. Auch das Umweltbundesamt plädiert dafür, dass derjenige, der „auf eine Flugreise (…) nicht verzichten kann oder möchte, (…) einen freiwilligen Beitrag leisten und die verursachten Emissionen ausgleichen" sollte. Es gibt allerdings gute Gründe, skeptisch zu sein, wenn man Kompensationen anordnet wie das Land Baden-Württemberg oder eigens finanziert wie die DFG. Zunächst die Kompensation selbst: Die Mittel gehen an Klimaprojekte im globalen Süden. Deren Tauglichkeit zur Emissionskompensation ist allerdings strittig. Es gibt Probleme bei der Überprüfung, ob die Projekte wirklich durchgeführt wurden, und es stellt sich die Frage der „Zusätzlichkeit", also ob ein Projekt nicht sowieso durchgeführt worden wäre und durch die Kompensation nur „doppelt" verkauft wird. Bei Aufforstungsprojekten besteht zudem die Gefahr, dass sich vor Ort Landkonflikte verschärfen, wenn etwa die lokale Bevölkerung dadurch verdrängt wird, wie *Der Spiegel* von einem Aufforstungsprojekt in Uganda berichtete. In diesem Fall würde die Kompensationszahlung sogar neue Probleme schaffen. Atmosfair verzichtet unter anderem wegen dieser Problematik auf Waldschutzprojekte.

Auch die EU rechnet Gutschriften aus Emissionsausgleichsprojekten seit 2020 nicht mehr an. Zuvor war dies möglich: So konnte zum Beispiel der Betreiber eines Gaskraftwerks ein Projekt zur Förderung erneuerbarer Energien in Entwicklungsländern unterstützen, anstatt für die von ihm verursachten CO_2-Emissionen Zertifikate im EU-ETS zu kaufen.

Nun kann man argumentieren, dass dies Übergangsprobleme sind. Wenn gute Institutionen mit ordentlicher Aufsicht und Qualitätskriterien existieren würden, dann würde man auch richtig kompensieren können. So wurde zum Beispiel im Jahr 2021 in Baden-Württemberg eine Klimaschutzstiftung gegründet, die dafür zuständig ist, die Kompensation der Flugreisen von Landesverwaltung und Hochschulen umzusetzen, geeignete Projekte auszuwählen oder selbst zu konzipieren. Einnahmen bezieht diese Stiftung unter anderem aus den Kompensationen der Flugreisen der Landesverwaltung und Hochschulen. Doch selbst wenn eine Kompensation zu einer Reduktion von Emissionen führen würde, ergäbe sich der folgende – widersinnige – Effekt: Wenn jede Flugreise kompensiert würde, dann wäre es für das Klima am besten, wenn innerhalb Europas mehr geflogen würde!

Der Grund dafür ist der bereits erläuterte Wasserbetteffekt: Innereuropäische Flüge sind Teil des EU-ETS. Das heißt, für jeden innereuropäischen Flug müssen die Fluglinien Emissionszertifikate kaufen, und zwar in Höhe der CO_2-Emissionen, die bei diesem Flug ausgestoßen werden. Wenn mehr geflogen wird, werden mehr Zertifikate für Flüge benötigt, die dann für andere Bereiche im EU-ETS nicht mehr zur Verfügung stehen. Mehr

Flüge führen somit nicht zu mehr Gesamtemissionen an CO_2 und weniger Flüge nicht zu weniger Gesamtemissionen.

Nun kommt die Kompensation dazu. Wenn diese die Menge an CO_2-Emissionen und weitere Klimaschäden kompensiert, die durch den Flug entstehen, dann wäre der Flug ohne Zertifikate erstmal „neutral“. Weil Flugemissionen aber Teil des EU-ETS sind, bedeutet mehr Fliegen, dass weniger Emissionszertifikate für andere Akteure zur Verfügung stehen. Aus Flug *plus* Kompensation entsteht also ein echter Vorteil für das Klima. Aus Klimaschutzgründen sollte man deshalb anordnen, auf Zugreisen zu verzichten und mehr mit dem Flugzeug zu reisen …

Ich bezweifle, dass dies die Absicht der baden-württembergischen Regierung oder der DFG war. Das Land Baden-Württemberg hat als Grund für die Ausgleichszahlung angegeben, dass „hinsichtlich des Mobilitätsverhaltens den Belangen des Klimaschutzes Rechnung getragen werden“ solle. Aber entweder ist die Kompensation wegen der oben beschriebenen Probleme nicht tauglich, oder sie ist tauglich, aber im Zusammenspiel mit dem EU-ETS widersinnig.

Die Möglichkeit zur Kompensation ändert im Übrigen auch das individuelle Verhalten. Selbst wenn man als Einzelperson die genauen Effekte auf das Klima nicht völlig überschaut, so gilt doch, dass Fliegen attraktiver wird, wenn man dafür Kompensationen leisten kann. Zumindest hat man ein besseres Gewissen. Dies zeigt sich auch in Experimenten – die Probanden wählen eine verschmutzende Option umso eher, je mehr dafür kompensiert wird. Dies gilt insbesondere, wenn man für die Kompensation noch zusätzliches Geld bekommt, zum Beispiel von der DFG.

Wenn man mit der Bahn fährt, darf man bei der DFG übrigens nicht kompensieren, da die „Deutsche Bahn im Fernverkehr zu 100 % mit Ökostrom unterwegs ist“, wie die DFG auf ihrer Webseite schreibt. Was es mit dem Ökostrom auf sich hat, haben wir ja schon gesehen. Diese Regelung der DFG macht Bahnfahren jedenfalls relativ unattraktiv im Vergleich zu Fliegen oder Autofahren, das man auch kompensieren darf.

Wenn sich die Menschen langsam daran gewöhnen, auf Flüge zu verzichten, dann kann dies die Transformation einfacher machen. Aber ob Kompensationen, die noch dazu von einem Dritten (dem Arbeitgeber, der DFG etc.) bezahlt werden, dazu führen, ist eher unwahrscheinlich. Die Möglichkeit, kompensieren zu dürfen und nicht selber dafür zahlen zu müssen, wird eher zu mehr Flügen anregen. Allerdings könnte der Arbeitgeber, der für diese Zahlungen aufkommen muss, neue Reiseregeln verfügen und Flugreisen erschweren. Baden-Württemberg könnte dies direkt machen, anstatt über den Umweg der verordneten Kompensationszahlungen.

Aus all diesen Gründen würde ich der Gemeinde nicht empfehlen, ihre innereuropäischen Flugreisen zu kompensieren; der DFG und dem Land Baden-Württemberg auch nicht. Bei Interkontinentalflügen greifen diese Argumente übrigens nicht, da diese nicht vom EU-ETS abgedeckt werden. Weniger Interkontinentalflüge bedeuten also tatsächlich weniger CO_2-Emissionen. Hier könnten die Gemeinde, das Land und die Hochschulen ansetzen und bei interkontinentalen Dienstreisen prüfen lassen, ob diese durch ein virtuelles Treffen ersetzt werden können.

Solaranlagen auf den Gebäuden der Gemeinde können wirtschaftlich Sinn machen

Wenn die Kämmerin den Vorschlag macht, auf alle Gebäude der Gemeinde Solardächer zu bauen, dann sollte der Gemeinderat sie bitten, eine Gewinn- und Verlustrechnung vorzulegen. Wie hoch sind die Investitionen, und wie hoch sind die Erträge aus den Solaranlagen? Wenn die Erträge langfristig höher sind als die

Kosten, dann sollte der Gemeinderat diesem Vorschlag zustimmen, ansonsten nicht. Mit Emissionsreduktion hat er nämlich nichts zu tun.

Der Grund dafür ist uns mittlerweile bekannt – die Stromerzeugung ist Bestandteil des EU-ETS. Der Wasserbetteffekt schlägt wieder zu: Wenn die Gemeinde wegen der neuen Solaranlagen weniger konventionellen Strom verbraucht, werden weniger Zertifikate benötigt. Dadurch fallen die Preise für Zertifikate, und es werden mehr an anderer Stelle gekauft. Da der Cap gleich bleibt, ist der Emissionseffekt gleich null.

Es kann sich für die Gemeinde aber durchaus wirtschaftlich lohnen, diese Solaranlagen zu bauen, da der Bau gefördert wird, unter anderem durch die Einspeisevergütung für erneuerbare Energien, oder weil man beim Eigenverbrauch keine Nebenkosten wie Netzgebühren oder EEG-Umlage zu zahlen hat. Wenn die Preise für Emissionszertifikate immer weiter ansteigen und Kohle- und Gasstrom noch teurer werden, kann eine Solaranlage auch zusätzliche Einnahmen für die Gemeinde am Strommarkt erwirtschaften. Ziel des Emissionszertifikatehandels ist es ja letztlich, dass es sich *wirtschaftlich* lohnt, Anlagen für erneuerbare Energien zu installieren.

Das Photovoltaik-Netzwerk Baden-Württemberg wirbt damit, dass die Installation von Solaranlagen in Kommunen zu geringeren Stromkosten führe und die Kommunen damit eine Vorbildfunktion einnehmen würden. Außerdem sei damit ein positives Image verbunden, es bewirke Engagement in der Bevölkerung und verspreche regionale Wertschöpfung. Alles richtig. Wenn aber weiter unten im Text steht, dass der Beitrag zum Klimaschutz umso größer sei, je mehr Solarmodule verbaut werden, so ist dies falsch.

Wegen der stark steigenden CO_2-Preise werden wir zukünftig in Europa immer mehr Solaranlagen und Windkraftwerke sehen.

Aber dafür brauchen wir nicht die Gemeinde als weiteren Anbieter von Solarstrom. Der zusätzliche Beitrag der Gemeinde zur CO_2-Reduktion durch eigene Solaranlagen bleibt null.

Insofern ist auch die „Solaranlagen-Pflicht", die viele Länder eingeführt haben oder einführen wollen, kritisch zu sehen: In Baden-Württemberg müssen zum Beispiel seit Januar 2022 alle neugebauten gewerblich genutzten Gebäude und seit Mai auch private Neubauten Photovoltaikanlagen (PV-Anlagen) zur Stromerzeugung installieren. Bei Dachsanierungen gilt dies ab 2023. Nordrhein-Westfalen und Schleswig-Holstein haben ähnliche Regeln, in Berlin, Hamburg, Rheinland-Pfalz und Niedersachsen ist eine Solarpflicht ab 2023 geplant. Die Bundesregierung plant eine bundesweite gesetzliche Regelung für gewerbliche Neubauten.

Diese politischen Aktivitäten ändern nichts daran, dass eine Solarpflicht aufgrund des Wasserbetteffekts keine Klimawirkung hat, sondern zunächst nur das Bauen verteuert, auch den sozialen Wohnungsbau. Es ist zwar richtig, dass mehr Flächen für PV-Anlagen und Windkrafträder benötigt werden, damit der Ausbau der erneuerbaren Energien überhaupt erst möglich wird. Hilfreicher als eine gesetzliche Verpflichtung zur Solaranlage wäre jedoch, wenn Kommunen und Länder dafür öffentliche Flächen ausweisen und Bauordnungen so anpassen würden, dass die Integration von Solarstrom erleichtert wird.

Inwiefern das „positive Image", das das Photovoltaik-Netzwerk Baden-Württemberg als weiteren Vorteil von Solaranlagen anpreist, dazu beiträgt, ein Bewusstsein für die Energiewende zu schaffen und damit zum Beispiel die Akzeptanz für das Aufstellen von Windrädern fördert, muss jede Gemeinde für sich entscheiden. Mehr erneuerbare Energien vor der Haustür können auch zu einem gegenteiligen Effekt führen: Eine Studie des Forschungsinstituts ZEW hat gezeigt, dass die Zahl der Zweitstimmen für Bündnis 90/Die Grünen bei Bundestagswahlen mit jeder neuen Windkraftanlage, die in einer Gemeinde gebaut wird, um etwa 17 Prozent abnimmt.

Letztlich ist das kaufmännische Argument – wir produzieren Ökostrom, weil wir damit Geld verdienen – vermutlich überzeugender. Aufgrund der Förderprogramme kann es für Gemeinden, und übrigens auch für Haushalte, aus wirtschaftlichen Gründen durchaus sinnvoll sein, eine Solaranlage zu installieren. Man sollte in die Budgetplanung aber alle Kosten miteinbeziehen. Zu den Anschaffungs- und Installationskosten, die bei einem Ein- oder Zweifamilienhaus je nach Größe und Leistung der Anlage zwischen 9.000 und 20.000 Euro liegen, kommen Ausgaben für die regelmäßige Reinigung und Wartung der Anlage sowie für eine zusätzliche Versicherung, die Schäden durch Sturm, Hagel oder Feuer abdeckt. Insbesondere die Versicherung, die mit etwa 60 bis 250 Euro im Monat zu Buche schlägt, ist nicht zu vernachlässigen. Außerdem spielen für den Ertrag der Anlage natürlich viele Faktoren eine Rolle, wie zum Beispiel die Größe des Daches, seine Neigung und Ausrichtung.

Wenn sowohl Flugkompensationen nach hinten losgehen können – sie können zu mehr Flügen führen – und Solar aufs Dach keine zusätzliche Klimawirkung hat – warum machen das dann viele Länder und Gemeinden? Der Grund ist, dass diese Länder und Gemeinden sich das Ziel gesetzt haben, selbst klimaneutral zu werden, also ihre eigenen Emissionen reduzieren zu wollen. Dafür helfen natürlich die Kompensationen und auch ein Programm zu Solaranlagen. Europäische Emissionen werden dadurch aber nicht reduziert. Wir kommen später darauf zurück.

Umstellung der Fahrzeugflotte auf Elektrofahrzeuge: Ein erstes Signal

Elektromobilität ist für viele Kommunen ein Thema. So beschloss die Stadtverordnetenversammlung von Bensheim bereits 2015, den städtischen Fuhrpark auf Elektromobilität umzustellen. Mittlerweile sind sechs von sieben Fahrzeugen Elektroautos. Die Stadt Frankfurt am Main bezuschusst Ämter und städtische Gesellschaften, wenn sie Elektroautos kaufen. Viele Ministerien nutzen zumindest Hybridfahrzeuge – also Fahrzeuge, die mit einem elektrischen und einem Verbrennungsmotor ausgestattet sind. Und auch Unternehmen steigen um. Der Softwarekonzern SAP in Walldorf hat angekündigt, seinen Fuhrpark bis 2025 zu einem Drittel zu elektrifizieren. Andere Unternehmen gehen einen ähnlichen Weg. Eine gute Idee?

Auch hier gilt es, die verschiedenen Ebenen auseinanderzuhalten. Zunächst die wirtschaftliche: Es kann sein, dass sich diese Umstellung finanziell lohnt. Derzeit sind die staatlichen Förderprogramme für Elektrofahrzeuge sehr generös. Elektrofahrzeuge, die weniger als 40.000 Euro kosten, werden mit einer Prämie von 6.000 Euro vom Bund bezuschusst. Diese Förderung hat sicher mit dazu beigetragen, dass das eigentlich für 2020 geplante Ziel der Bundesregierung von einer Million zugelassenen Elektrofahrzeugen (inkl. Plug-in-Hybride) in Deutschland zumindest im August 2021 erreicht wurde. Die folgende Abbildung zeigt die Anzahl der zugelassenen reinen Elektrofahrzeuge. Der Anstieg der Zulassungen ist beachtlich. Zum 1. Januar 2022 betrug die Anzahl der zugelassenen Pkw mit ausschließlich elektrischer Energiequelle 618.500. Hinzu kommen dann noch die ca. 566.000 Plug-in-Hybride, die nicht abgebildet sind. Auch wenn dies nur 2,6 Prozent aller in Deutschland zugelassenen Pkw ausmachen, ist die Entwicklung ermutigend. Das Kraftfahrt-Bundesamt meldet, dass 43 Prozent der Pkw-Neuzulassungen des Jahres 2021 mit alternativen Antrieben ausgestattet waren – Tendenz stark steigend.

Anzahl zugelassener Elektrofahrzeuge

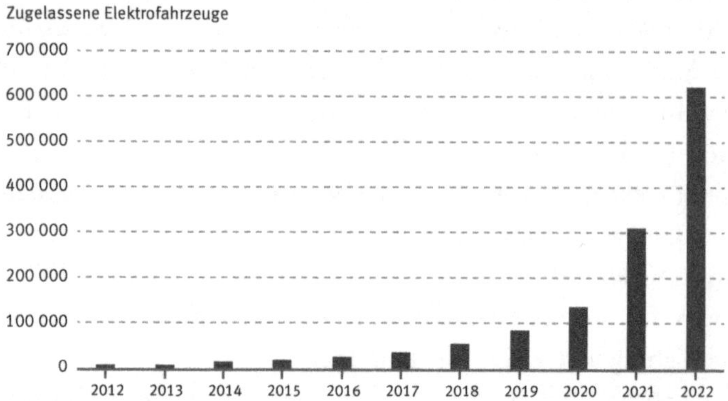

Quelle: Statista, Anzahl der Elektroautos in Deutschland von 2012 bis 2022, 01.01.2022, https://de.statista.com/statistik/daten/studie/265995/umfrage/anzahl-der-elektroautos-in-deutschland/ (Abruf am 12.05.2022)

Die Nutzung eines dienstlichen Elektrofahrzeugs kann auch der Mitarbeiterbindung dienen und die Attraktivität als Arbeitgeber erhöhen.

Auf der klimapolitischen Ebene ist die Sachlage jedoch kompliziert: Es gibt wissenschaftliche Studien, die daran zweifeln, dass Elektrofahrzeuge derzeit klimafreundlicher sind als Benzin- oder Diesel-Fahrzeuge. Das Argument lautet, dass der Strom, den die Elektrofahrzeuge benötigen, ebenfalls klimaschädlich produziert werde und man auch die Emissionen bei der Batterieherstellung berücksichtigen müsse. Der erste Teil des Arguments stimmt in Europa so nicht – wegen des Wasserbetteffekts. Da die Stromerzeugung vom EU-ETS abgedeckt wird, führt ein Mehrverbrauch von (schmutzigem) Strom durch Elektrofahrzeuge nicht zu einem Anstieg der Emissionen, weil die Zertifikate insgesamt durch den Cap gedeckelt sind. Der Wasserbetteffekt bewirkt, dass mehr Emissionen bei der Stromerzeugung für Elektroautos zu weniger Emissionen an anderer Stelle führen. Und selbst wenn es den Wasserbetteffekt nicht gäbe, so wäre dies doch ein Übergangsphänomen: Zukünftig wird es immer mehr Strom aus erneuerbaren Energien geben. 2030 sollen nach den Plänen der Bundesregierung 80 Prozent des Stroms in Deutschland aus erneuerbaren Quellen stammen.

Ist ein Elektrofahrzeug dann wenigstens im Verbrauch klimafreundlicher als ein Fahrzeug mit Verbrennungsmotor? Das hängt sehr stark davon ab, wie konsequent die Bundesregierung den Emissionshandel im Bereich Verkehr vorantreibt. Wir erinnern uns: Die Europäische Union hat es den Mitgliedsstaaten überlassen, die Emissionen in den Sektoren Gebäude, Verkehr und Landwirtschaft zu reduzieren. Sie plant allerdings, dafür einen zweiten Emissionshandel aufzubauen. Die Bundesregierung hat für Heizöl, Heizgas, Benzin und Diesel vorsorglich einen eigenen Emissionshandel mit steigenden Preisen eingeführt. Sind die Zertifikate auch hier gedeckelt – so der bisherige Plan, allerdings frühestens ab 2026 –, dann würde wieder der Wasserbetteffekt greifen: Wenn ein Fahrzeug weniger Kraftstoff verbraucht und damit weniger Zertifikate benötigt, werden die Zertifikate an anderer Stelle verwendet. Die Gesamtmenge der Emissionen in den Sektoren, die Teil des deutschen Emissionshandels sind, bleibt gleich. Aus Klimaschutzgründen ist es dann in der Tat unerheblich, ob man ein Elektrofahrzeug oder ein Fahrzeug mit Verbrennungsmotor fährt.

Hier greifen also beide Emissionshandelssysteme ineinander: Das Elektrofahrzeug verbraucht Strom, der Teil des europäischen Emissionshandels ist, und das Fahrzeug mit Verbrennungsmotor verbraucht Kraftstoff, der vom nationalen Emissionshandel abgedeckt wird. Bei der Entscheidung für oder gegen das eine oder das andere Fahrzeug spielt der CO_2-Ausstoß also keine entscheidende Rolle. Interessant eigentlich, wo sich doch so viele Studien darum gestritten haben, wie hoch dieser nun genau bei einem Elektrofahrzeug im Vergleich zu einem Fahrzeug mit Verbrennungsmotor ist.

Mittelfristig werden wir eine große Zunahme an Elektrofahrzeugen sehen. Im Zuge der Transformation von fossiler zu erneuerbarer Energie und getrieben durch regulative Anforderungen und den CO_2-Preis stellt sich die Automobilindustrie auf Elektromobilität um. Diese Fahrzeuge werden derzeit staatlich gefördert, und die Preise für Benzin und Diesel werden weiter ansteigen. Insofern können zum jetzigen Zeitpunkt solche Fahrzeuge und die Sensibilisierung der Mitarbeiter von Kommunen oder Unternehmen, die auf Elektromobilität umstellen, helfen, diesen Übergang besser hinzubekommen. SAP veranstaltet zum Beispiel Mobilitätstage, bei denen Elektrofahrzeuge und deren Zubehör, wie die Ladeinfrastruktur, vorgestellt werden. Das zweite Ziel – die Energiewende besser zu bewältigen – mag hier also greifen. Wichtig ist es dann aber auch, dieses Ziel im Auge zu haben, wenn Maßnahmen geplant werden. Eine simple Zunahme an Elektrofahrzeugen ist nicht unbedingt zielführend, eine begleitende Informationskampagne hingegen schon. Im Falle von Gemeinden oder größeren Unternehmen ist also der Aufbau einer Ladeinfrastruktur zentral. Das bringt uns zum nächsten Punkt und zu einer ersten Antwort auf die Frage, was denn zielführende Maßnahmen für eine Gemeinde sind, die den Klimanotstand ausgerufen hat.

Bau eines Radschnellwegs und weiterer Infrastruktur: Ein wichtiger Beitrag zur Energiewende

Das Land Baden-Württemberg baut Radschnellwege – einen gibt es bereits, drei weitere Pilotstrecken sind in der Planung, und bis 2028 sollen 16 Strecken fertiggestellt sein. Ein Radschnellweg ist möglichst kreuzungsfrei und steigungsarm, und kommt überall dort infrage, wo ein Verkehrsaufkommen von mindestens 2.000 Fahrradfahrten pro Tag vorliegt. Eines der Pilotprojekte soll Heidelberg und Mannheim verbinden. Der Radschnellweg zwischen diesen beiden Städten wird 22 Kilometer lang, 4 Meter breit und kreuzungsfrei sein. Viele Mannheimer arbeiten in Heidelberg und umgekehrt – sie können dann nicht nur mit der S-Bahn oder dem eigenen Auto, sondern auch bequem mit dem Rad zur Arbeit fahren. Jede S-Bahn-Fahrt und jede Autofahrt weniger spart zwar vor Ort CO_2 ein, wegen des Wasserbetteffekts allerdings nicht absolut. Die S-Bahn benötigt Strom, der im EU-ETS ist, und das Auto fährt zumeist mit Diesel oder Benzin, die in den deutschen Zertifikatehandel integriert sind. Allerdings hat der deutsche Zertifikatehandel noch keinen Cap – jede Autofahrt weniger ist deshalb auch ein Beitrag zum Klimaschutz. Was aber noch wichtiger ist: Der Radschnellweg kann dazu beitragen, dass es der Region Heidelberg-Mannheim leichter fällt, sich auf die Energiewende einzustellen.

Warum? Autofahren ist jetzt schon sehr teuer und wird in den nächsten Jahren nicht unbedingt viel billiger werden. Damit wird es sich lohnen, auf das Fahrrad umzusteigen, wo immer es möglich ist. Benzin und Diesel sind derzeit so teuer wegen des Wirtschaftsaufschwungs nach der Coronakrise und wegen des Kriegs in der Ukraine. Der Preis kann deshalb auch wieder sinken, wenn diese Effekte nicht mehr greifen. Die Klimaschutzpolitik führt aber dazu, dass Benzin und Diesel stetig mehr mit

Abgaben belegt werden. Der von der Bundesregierung 2021 eingeführte CO_2-Preis in Höhe von jetzt 30 Euro pro Tonne macht Kraftstoffe teurer: Derzeit sind dies 8,4 Cent pro Liter Benzin und 9,5 Cent pro Liter Diesel. Bis zum Jahr 2025 soll der CO_2-Preis schrittweise auf 55 Euro ansteigen, und dann in einem Preiskorridor zwischen 55 und 65 Euro bleiben. Dann wären wir bei etwa 15 Cent pro Liter Benzin und 17 Cent bei Diesel. Das wird aber nicht ausreichen: Studien haben ausgerechnet, dass, wenn die EU ihre neuen Ziele im European Green Deal erfüllen will, der CO_2-Preis auf 150 bis 300 Euro pro Tonne steigen müsste. Das wären dann 42 bis 84 Cent pro Liter Benzin und 47,5 bis 95 Cent pro Liter Diesel. Da lohnt es sich dann schon, häufiger mit dem Fahrrad oder E-Bike zu fahren.

Man muss kein Prophet sein, um in etwa abzuschätzen, was im Zuge der Energiewende auf uns zukommt. Alles, was zu CO_2-Emissionen führt, wird teurer werden, insbesondere Heizöl, Heizgas, Benzin und Diesel sowie Strom aus Kohle und Gas. Fahrzeuge mit Verbrennungsmotor werden weniger werden, dafür wird es mehr Elektrofahrzeuge geben. Die Industrie wird sich anpassen und ihre Produktion auf emissionsärmere Technologien umstellen. Die Bundesregierung wird versuchen, einige der Veränderungen mit Subventionen abzufedern, zum Beispiel durch Prämien für den Kauf von Elektrofahrzeugen. Außerdem wird sie Regionen, die besonders stark von der Transformation betroffen sind, wie die Braunkohlegebiete in der Lausitz und im Rheinland, mit Förderprogrammen unterstützen. Aber diese Subventionen und Förderprogramme werden an ihre Grenzen stoßen. Denn aufgrund des Wirtschaftseinbruchs infolge der Coronapandemie, der wirtschaftlichen Auswirkungen des Kriegs in der Ukraine und der demografischen Entwicklung werden die öffentlichen Haushalte in den nächsten Jahren wenig finanziellen Spielraum haben. Die Diskussion wird sich daher eher darum drehen, wo man Steuern erhöhen kann, als um neue Förderprogramme. Der deutsche Emissionshandel für Heizöl, Heizgas, Benzin und Diesel ist dann eine gute Einnahmequelle.

Für die Gemeinden öffnet sich ein weites Feld, um ihren Beitrag zur Bewältigung der Transformation zu leisten. Eigene Klimaziele muss die Gemeinde dabei nicht verfolgen. Darum kümmern sich – gerade im Strombereich – die Märkte. Der bereits erwähnte Bau von Radschnellwegen und der Umbau zu einer fahrradfreundlichen Stadt sind nur zwei von vielen sinnvollen Infrastrukturmaßnahmen. Notwendig sind außerdem Standorte zum Aufbau einer Ladeinfrastruktur für Elektrofahrzeuge, der Ausbau des Öffentlichen Personennahverkehrs, die Bewilligung von Standorten für Windkraftwerke und die Schaffung von Akzeptanz für Stromnetze. Und hier gibt es noch viel zu tun. Nehmen wir die Ladesäulen: Im April 2022 gab es gut 50.000 Normalladepunkte und 8.700 Schnellladepunkte in Deutschland, die öffentlich zugänglich waren. 2030 sollen es eine Million sein. Denn wer kauft schon ein Elektrofahrzeug, wenn er es nicht unterwegs aufladen kann? Zum Ausbau der Ladesäulen gibt es Förderprogramme der Bundesregierung, die Unternehmen gerne abgreifen. Doch benötigen sie dafür Standorte, und da sind die Gemeinden gefragt. Von weiteren Maßnahmen, mit denen Kommunen dazu beitragen können, den Klimawandel zu bewältigen, wird später noch die Rede sein.

3. Die Akteure im Hintergrund: Mit Märkten Nachhaltigkeitsziele erreichen

Wie wir gesehen haben, sind in der Klimapolitik im Hintergrund häufig Märkte aktiv, über deren Wirkung man sich nicht unbedingt bewusst ist. Diese Märkte wurden teilweise eigens geschaffen, um klimapolitische Ziele zu erreichen, wie der europäische Emissionszertifikatehandel. Die Marktmechanismen können dabei verwirrend sein, manchmal schaden, häufig aber viel Gutes bewirken. Nicht ohne Grund ist unser Wirtschaftsmodell das der sozialen *Markt*wirtschaft. Es lohnt sich daher, genauer anzuschauen, was es mit diesen Märkten, insbesondere im Kontext der Energiewende und der Bekämpfung des Klimawandels, auf sich hat.

Wir alle kennen und nutzen Märkte – ob wir im Supermarkt einkaufen (Lebensmittelmarkt), ins Kino gehen (Markt für Unterhaltung) oder ein Auto kaufen (Fahrzeugmarkt). Meist machen wir uns keine Gedanken über den gesamten Markt, sondern interessieren uns nur für die Produkte oder die Dienstleistung, die wir kaufen wollen. Wenn wir aber über (klima-)politische Maßnahmen reden, müssen wir wissen, wie Märkte generell funktionieren und was sie bewirken.

Markt oder Staat? Wir brauchen beides

In der Nachkriegszeit, in der die Weichen für unsere heutige Wirtschaftsordnung gestellt wurden, stellte sich zunächst die ganz grundsätzliche Frage, ob etwas besser durch den Staat oder durch den Markt organisiert werden sollte. Sollte das Wirtschaftssystem eine Planwirtschaft wie in der DDR sein oder eine auf Wettbewerb basierende Marktwirtschaft? Auch im Westen war der Wettbewerb damals einigen nicht geheuer. Kartelle, also Absprachen zwischen Unternehmen, wie z. B. in der Zement- oder der Stickstoffindustrie, waren üblich, um gemeinsam besser den Widrigkeiten der Märkte zu entgehen. Es wurde auch argumentiert, solche Absprachen seien hilfreich für den Wiederaufbau. So brachte der 1949 gegründete Bundesverband der Deutschen Industrie (BDI) in den 1950er Jahren sogar eine eigene Zeitschrift mit dem Titel *Die Kartelldebatte* heraus, um die Vorteile von Kartellen herauszustellen. Hintergrund war, dass sich die *Frankfurter Allgemeine Zeitung* (FAZ) für ein Kartellverbot einsetzte und der BDI in der öffentlichen Debatte ein Gegengewicht herstellen wollte. Als Reaktion auf die Berichte in der FAZ schalteten viele Industrieunternehmen dort auch keine Anzeigen mehr. Den Schlussstrich unter diese Debatte zog Wirtschaftsminister Ludwig Erhard, als er 1958 gegen viel Widerstand aus Wirtschaft und Politik das Gesetz gegen Wettbewerbsbeschränkungen (GWB) durchsetze, das die Spielregeln für den Wettbewerb auf den Märkten festlegte: Kartelle wurden verboten. Mit der 2. GWB-Novelle im Jahr 1973 wurden Fusionen zwischen Unternehmen nur dann erlaubt, wenn diese nicht zum Aufbau von Marktmacht führten.

Der Grund für diese Ausrichtung der Wirtschaftspolitik hin zu mehr Wettbewerb war die mittlerweile auch empirisch gut fundierte ökonomische Erkenntnis, dass Innovationen und die damit einhergehenden Vorteile für die Wohlfahrt am ehesten in einer solchen Marktstruktur zu erwarten waren. Daneben gab es aber auch die „natürlichen Monopole", also Monopole, die sich zwingend aus technischen Voraussetzungen ergaben, wie bei Bahn und Energie. Ein Schienennetz oder ein Stromnetz will man schließlich nicht zweimal bauen. Diese natürlichen Monopole waren häufig in der Hand des Staats, wie die Deutsche Bundespost, die auch für das Fernmeldewesen zuständig war, und die Deutsche Bundesbahn.

Dies bringt uns zu einer weiteren Ebene der Frage „Markt oder Staat?": Wer sollte in diesen konkreten Märkten die jeweilige Leistung erbringen? Was war zugänglich für den Wettbewerb, und wo ging es nicht ohne Monopole? Letztere bedurften immer einer gewissen Form der staatlichen Steuerung. Die Wirtschaftsreformen, die in den 1980er Jahren unter anderem Ronald Reagan in den USA und Margaret Thatcher in Großbritannien vornahmen, gaben eine neue Antwort auf diese Frage. In seiner Antrittsrede als 40. Präsident der Vereinigten Staaten erklärte Ronald Reagan im Januar 1981: „Der Staat ist nicht die Lösung für unser Problem, der Staat ist das Problem." Margaret Thatcher privatisierte British Telecom und British Airways, der „schlanke Staat" war das Gebot der Stunde. In der Bundesrepublik war die 1987 eingesetzte „Deregulierungskommission" Ausdruck dieser veränderten Sicht auf die Wirtschaftsordnung. Es zeigte sich nämlich, dass mehr Bereiche als gedacht für den Wettbewerb zugänglich waren. Warum sollte man etwa das Telefongerät beim Postamt mieten müssen, während Fernseher auf dem freien Markt erhältlich waren?

Wie stark sich wirtschaftspolitische Annahmen verschoben hatten, wird mit Blick auf die Präambel zum in der Nachkriegszeit gültigen Energiewirtschaftsgesetz deutlich, in der es heißt, Aufgabe des Gesetzes sei es, „volkswirtschaftlich schädliche Auswirkungen des Wettbewerbs zu verhindern". Das aktuelle Gesetz von 2005 hingegen verfolgt das Ziel „der Sicherstellung eines wirksamen und unverfälschten Wettbewerbs bei der Versorgung mit Elektrizität und Gas". Eine Entwicklung hin zu mehr Wettbewerb ist auch im Gesundheitswesen zu beobachten: Während im Sozialgesetzbuch (SGB) V, § 4, erwartet wird, dass „im Interesse der Leistungsfähigkeit und Wirtschaftlichkeit [...] die Krankenkassen [...] miteinander" arbeiten, kam mit dem Faire-Kassenwettbewerb-Gesetz von 2020 der neue § 4a SGB V hinzu: „Der Wettbewerb der Krankenkassen dient dem Ziel, das Leistungsangebot und die Qualität der Leistungen zu verbessern sowie die Wirtschaftlichkeit der Versorgung zu erhöhen."

Auch wurden im Laufe der Zeit immer mehr natürliche Monopole aus der Staatshand in die Privatwirtschaft überführt, allerdings unter Aufsicht: zunächst durch das zuständige Bundesministerium und ab 1998 durch die neu geschaffene Regulierungsbehörde Bundesnetzagentur, die in den sogenannten Netzindustrien (Elektrizität, Gas, Telekommunikation, Post und Eisenbahnen) die marktbeherrschenden Unternehmen reguliert und für die Aufrechterhaltung des Wettbewerbs sorgt. Aus der Deutschen Bundespost gingen die Deutsche Telekom AG und die Deutsche Post AG hervor, an denen der Bund nur noch mit gut 30 bzw. 20 Prozent beteiligt ist.

Damals war man allerdings etwas zu optimistisch, was den Glauben an die Wettbewerbsfähigkeit mancher Wirtschaftssektoren betraf. So meinte der Wissenschaftliche Arbeitskreis für Regulierungsfragen bei der Regulierungsbehörde für Telekommunikation und Post 1998: „Je erfolgreicher die Politik der Regulierungsbehörde ist, desto entbehrlicher wird ihre regulatorische Aufgabe im engeren Sinne. Nach aller Erfahrung ist für den Übergang vom monopolgeprägten zum wettbewerblichen Markt in Telekommunikation und Post jedoch ein längerer Zeitraum zu veranschlagen.“ Der damalige Bundeswirtschaftsminister Günter Rexrodt ging davon aus, dass nach zehn Jahren Wettbewerb herrsche und die Regulierungsbehörde der allgemeinen Wettbewerbsaufsicht weichen könne. Die Bundesnetzagentur würde sich damit selbst abschaffen. Sie existiert allerdings bis heute und hat rund 3.000 Mitarbeiter. Ihre Abwicklung ist derzeit kein Thema und wäre auch nicht sinnvoll. Denn die „natürlichen Monopole“, wie zum Beispiel das Bahnnetz, benötigen einen Regulator, der darauf achtet, dass die Kosten unter Kontrolle bleiben und der Zugang zum Netz diskriminierungsfrei erfolgt.

Die Frage Markt oder Staat ist heute damit in der Weise beantwortet, dass es einerseits Wettbewerbsmärkte gibt und andererseits regulierte Monopole. Für die Wettbewerbskontrolle der Märkte ist das Bundeskartellamt zuständig, für die Regulierung der Monopole die Bundesnetzagentur. In einer solchen Struktur ist die zentrale Frage, ob sich die jeweiligen Ziele durch wettbewerbliche Märkte erreichen lassen. Ein gutes Beispiel dafür ist der Breitbandausbau: Schaffen es „die Märkte“, sprich die Telekommunikationsunternehmen, für ausreichend Breitbandversorgung im Wettbewerb zu sorgen oder muss der Staat mit Förderprogrammen nachhelfen? Das macht er, aber nur in ländlichen Regionen, in denen weniger Menschen leben und sich der eigenwirtschaftliche Ausbau nicht lohnt, den sogenannten „weißen Flecken“.

Die Entwicklungen in den letzten Jahrzehnten des 20. Jahrhunderts haben gezeigt, dass in viel mehr Märkten als ursprünglich gedacht Wettbewerb möglich ist, und häufig entspricht das durch wettbewerbliche Kräfte erzielte Marktergebnis den Erfordernissen der Gesellschaft. Der schottische Ökonom und Moralphilosoph Adam Smith verwendete dazu den Begriff der „unsichtbaren Hand“, die aus dem Streben des Einzelnen nach Individualinteressen das Erreichen von Gemeinwohlzielen bewirkt. So können wir zum Beispiel selbst am Sonntag frische Brötchen kaufen, weil die Bäckereien diese – im Wettbewerb – produzieren und verkaufen. Das Gemeinwohlziel Sicherstellung einer bedarfsgerechten Ernährung wird also vom Markt erreicht.

Aber die unsichtbare Hand ist keine allmächtige Hand. Einige Gemeinwohlziele werden allein durch Märkte nicht erreicht. Und dann folgen häufig Eingriffe der öffentlichen Hand in diese Märkte, wie bei der Buchpreisbindung, um das Kulturgut Buch zu unterstützen, oder bei der Preisbindung von verschreibungspflichtigen Medikamenten, um die regionale Versorgung besser zu gewährleisten, oder bei der Mietpreisbremse, um Wohnungen bezahlbarer zu machen. Auch wenn nicht alle diese Eingriffe erfolgreich sind – die Unzufriedenheit mit den Marktergebnissen hat die Politik dazu gebracht, aktiv zu werden. Auch die Klima- und Umweltpolitik mit ihren Nachhaltigkeitszielen gibt Anlass, in Märkte einzugreifen, doch sollte man es richtig machen und dabei die neuesten Erkenntnisse der Wissenschaft berücksichtigen.

Gute Regeln für ein gutes Ergebnis: Märkte aktiv gestalten

Wenn es darum geht, Märkte zu gestalten, hat ein spezielles Teilgebiet der Volkswirtschaftslehre in den vergangenen Jahren immer mehr Bedeutung gewonnen: das sogenannte Marktdesign. Dabei schaut man sich die Spielregeln einzelner Märkte genauer an, überlegt, mit welchen Regeln am besten die gewünschten Ziele erreicht werden können, und „designt" die Märkte dann entsprechend. Grundlage für das Design ist die Zielsetzung des jeweiligen Auftragsgebers – wenn es um Gemeinwohleffekte geht, ist dies der Staat. Der Marktdesigner, der „ökonomische Ingenieur", verwendet Modelle, etwa aus der Auktionstheorie, und füttert diese mit Details der realen Märkte. Diese theoretischen Analysen werden dann in Simulationen und Experimenten getestet, bevor man sie umsetzt. Die wissenschaftliche Forschung auf diesem Gebiet wurde bereits ausgezeichnet: So ging der Nobelpreis für Wirtschaft 2012 an Lloyd S. Shapley und Alvin E. Roth „für die Theorie stabiler Verteilungen und die Praxis des Marktdesigns" und 2020 an Paul Milgrom und Robert Wilson „für Verbesserungen der Auktionstheorie und die Erfindung neuer Auktionsformate", einem wichtigen Teilgebiet des Marktdesigns.

Marktdesign wird verwendet, um existierende Märkte zu verbessern oder ganz neue Märkte einzurichten, die es vorher noch nicht gab. Der europäische Emissionshandel ist ein solcher Markt. Durch den EU-ETS soll für die darin enthaltenen Sektoren das Gemeinwohlziel Senkung der Emissionen erreicht werden. Der nationale Emissionshandel soll dies für die Sektoren Gebäude und Verkehr bewerkstelligen.

Um neue Märkte zu schaffen, greift man oft auf Ausschreibungen zurück. So gibt es in Deutschland zum Beispiel seit 2017 Ausschreibungen für Anlagen für erneuerbare Energien: Dabei legt die Bundesnetzagentur die Menge an Erzeugungskapazität fest, die gefördert wird. Die Energieunternehmen, die Strom aus erneuerbaren Energien erzeugen wollen, konkurrieren dann darum, wer am wenigsten Förderung von erzeugtem Strom benötigt, um ein Solar- oder Windkraftwerk zu bauen und dieses an das Stromnetz anschließen zu lassen. Jedes Unternehmen sagt, wie viel Förderung es benötigt, um den Betrieb ans Laufen zu bringen, und die Unternehmen, die am wenigsten benötigen, bekommen den Zuschlag. Bei den letzten Ausschreibungen für Windenergie auf See kam es sogar zu einigen Null-Cent-Geboten. Das heißt, Unternehmen versprachen, sie würden die Anlagen bauen, ohne eine Förderung zu bekommen. Es reicht ihnen, dass sie den Strom am Strommarkt verkaufen können, und dass der Netzbetreiber ihre Anlage an das Stromnetz anschließt. Manche Unternehmen gehen mit mehreren geplanten Wind- oder Solarkraftwerken ins Rennen, manche mit wenigen. Am Ende bekommen die Unternehmen und Projekte den Zuschlag, die am billigsten bei der Förderung geboten haben, und zwar genau so viele von ihnen, wie benötigt werden, um die festgelegte Erzeugungskapazität zu erreichen.

Marktdesign wird aber nicht nur genutzt, um neue Märkte einzurichten, sondern auch, um bereits existierende Märkte zu verbessern. Häufig geht es dabei um vermeintlich kleine Anpassungen, die aber eine große Wirkung erzielen können. So wurde vor gut zehn Jahren das Preissystem an der Strombörse angepasst. Dort verkaufen die Stromerzeuger, also die Kraftwerksbetreiber, ihren Strom, und die Stromnachfrager – die Unternehmen und Versorgungswerke – kaufen dort Strom ein. Eine scheinbar kleine Neuerung war, dass negative Preise zugelassen wurden. Negative Preise sind etwas Besonderes. Sie führen dazu, dass der, der den Strom verkaufen will, etwas bezahlen muss, und der, der den Strom einkauft, zusätzlich noch Geld bekommt. Negative Preise kennen wir auch in anderen Märkten: So gibt es etwa negative Zinsen auf zehnjährige Staatsanleihen des Bundes. Das heißt, die Investoren sind bereit, Geld dafür zu zahlen, dass sie dem Bund Geld leihen. Sie machen das, weil sie wissen, dass sie ihr verliehenes Geld mit sehr hoher Wahrscheinlichkeit auch wieder zurückbekommen. Die Alternativen, das Geld einer anderen Bank zu geben oder es unter das Kopfkissen bzw. in den Tresor zu legen, sind unattraktiver, da sie mit Kosten oder Risiken verbunden sind, wie zum Beispiel einer Insolvenz der Bank.

Doch warum sind negative Preise am Strommarkt sinnvoll? Wenn viel Strom aus erneuerbaren Energien auf dem Markt ist – wenn also die Sonne scheint und viel Wind weht – und gleichzeitig der Stromverbrauch niedrig ist, dann werden die konventionellen Kraftwerke nicht gebraucht. Da es aber sehr aufwändig ist, ein Kohlekraftwerk herunterzufahren und Stunden später oder erst am nächsten Tag wieder hochzufahren, sind die Betreiber bereit, sogar dafür zu bezahlen, dass ihr Strom in solchen Situationen abgenommen wird, denn das ist letztlich billiger für sie. Aufgrund der negativen Preise finden sich leichter Abnehmer, die sich sagen: Eigentlich brauche ich den Strom nicht, aber wenn ich sogar noch Geld dafür bekomme, dann nehme ich ihn gerne. Während vor dieser Änderung im Marktdesign Strombetreiber außerhalb der Börse Abnehmer finden oder ihre Kraftwerke unter hohen Kosten herunterfahren mussten, können sie den Strom nun über die Börse handeln.

Der Strommarkt ist auch ein gutes Beispiel dafür, dass Märkte und Marktregeln sehr kompliziert sein können. Es gibt den Day-Ahead-Markt, auf dem man Strom für den nächsten Tag kaufen kann, und den Intraday-Markt, der Strom für denselben Tag anbietet. Daneben gibt es den Regelenergiemarkt, auf dem die Netzbetreiber Energie kaufen, um unvorhergesehene Leistungsschwankungen im Stromnetz auszugleichen. Um genau zu sein – dies ist kein Markt wie die Strombörsen in Paris oder Leipzig, sondern eine gemeinsame Ausschreibung der Netzbetreiber. Da aber auch hier Angebot auf Nachfrage trifft, wird dies als „Markt“ bezeichnet. Im Regelleistungsmarkt wird die Bereitschaft der Unternehmen, im Ernstfall mehr oder auch weniger Energie zu liefern oder zu verbrauchen, gekauft. Im Regelarbeitsmarkt, der erst im November 2020 eingeführt wurde, entscheidet sich dann, von wem diese Energie auch abgerufen wird. Die Planung und Gestaltung dieser Märkte fällt in das Forschungsgebiet des Marktdesigns.

Wie wir gesehen haben, wurde mit wettbewerblichen Märkten schon einiges in der Klimapolitik erreicht. Im Vergleich zum

Jahr 1990 sind die Emissionen in Europa bis 2019 um 24 Prozent gesunken, während die Wirtschaft um gut 60 Prozent gewachsen ist. Im selben Zeitraum sind die von Deutschland ausgehenden Emissionen um rund 41 Prozent zurückgegangen. Doch viel mehr ist möglich. Marktdesigner haben eine ganze Reihe von Vorschlägen gemacht, wie man Märkte einsetzen kann, um effektiver gegen den Klimawandel und Umweltverschmutzung vorzugehen.

Ein Beispiel von vielen ist die Anti-Stau-Maut oder, etwas akademischer formuliert, ein Markt für Engpassnutzung mit regulierten Preisen. Denn in Deutschland verursachen Staus einen volkswirtschaftlichen Schaden von rund 80 Mrd. Euro. Die Zahl stammt von 2017. Dazu zählen neben den Zeitkosten der Menschen, die unnütz im Stau stehen, auch die Lärm- und Feinstaubbelastung, die bei Staus noch größer ist als bei fließendem Verkehr. Aus der Sicht des Marktdesigns wäre eine Maut für die Straßennutzung sinnvoll, deren Preis sich am Verkehrsaufkommen orientiert. Bisher ist die Straßennutzung bei uns in der Regel unentgeltlich, und solange die Straßen frei sind, ist dies auch sinnvoll, da ein zusätzliches Fahrzeug die anderen Fahrzeuge nicht behindert. Bei einem Stau ist das jedoch anders: Jedes weitere Auto, das in den Stau fährt, blockiert die Fahrzeuge hinter sich. Die Anti-Stau-Maut kann hier für eine effizientere Nutzung der Straße sorgen.

Bei Parkplätzen machen wir dies schließlich auch schon längst: In allen größeren Städten ist es heute üblich, dass man bezahlen muss, wenn man den öffentlichen Raum als „Parkplatz“ benutzt, da dieser knapp ist. Am Wochenende und in der Nacht wird es billiger, weil dann weniger Nachfrage besteht. Diese Logik gilt auch beim Straßenverkehr. In Städten wie Singapur, Stockholm oder Madrid gibt es das bereits. Eine solche Maut kann dazu beitragen, sowohl die Staus als auch die Umweltverschmutzung zu reduzieren. In Stockholm funktioniert das so: Die Nummernschilder werden mit Kameras erfasst und Fahrer, die zwischen 6:30 Uhr und 18:30 Uhr in die Stadt fahren, erhalten eine Rechnung. Seit der Einführung der Maßnahme im Jahr 2007 sank die Verkehrsbelastung in der Rushhour um 20 Prozent. Auch die Einstellung der Bürger änderte sich: Während in der Testphase 70 Prozent die Maut ablehnten, befürworteten nach der Einführung 70 Prozent das neue System. Es zeigte sich außerdem, dass die Maut keine negativen Auswirkungen auf den Umsatz und Gewinn des Einzelhandels im Stadtgebiet hatte. Mittlerweile denken auch in Deutschland viele Städte über eine City-Maut nach.

Noch differenzierter ist eine Maut, wie es sie etwa in Kalifornien gibt. Der US-Bundesstaat erhebt auf einer vierspurigen Straße nur für die linke Spur eine Maut. Wenn sich ein Stau bildet, wird für die Nutzung der linken Spur eine Gebühr verlangt. Die Maut ist in ihrer Höhe flexibel und wird je nach Verkehrsaufkommen so eingestellt, dass der Verkehr auf dieser Spur wieder zügig vorankommt: Ist sie zu niedrig, wollen zu viele auf die linke Spur, und dann gibt es auch dort Stau. Dann wird die Gebühr angehoben. Ist sie zu hoch, fährt kaum ein Fahrzeug auf der linken Spur. Dann wird die Gebühr gesenkt, damit mehr Fahrzeuge dort fahren, aber nur so stark, dass der Verkehrsfluss auf der linken Spur immer noch zügig ist. Wenn die Maut richtig eingestellt ist, gewinnen am Ende alle: Die, die ganz links fahren und die Gebühr zahlen, kommen schneller voran (und haben sich ja bewusst dafür entschieden, diese Gebühr zu zahlen). Diejenigen, die auf den drei rechten Spuren verbleiben, stellen sich auch besser, weil dort das Fahrzeugaufkommen und damit auch der Stau geringer wird, denn der zügige Verkehrsfluss auf der linken Spur sorgt dafür, dass insgesamt mehr Autos durch den Stau kommen und damit auch auf den rechten Spuren weniger Autos unterwegs sind. Eine solch „smarte" Maut, die das Verkehrsgeschehen und die lokalen Emissionen berücksichtigen würde, wäre ein echter Schritt vorwärts. Der Datenschutz sollte dabei kein Hindernisgrund sein – das satellitengestützte Mautsystem für LKWs auf deutschen Autobahnen Toll Collect läuft seit 2005 datenschutzkonform.

Marktdesign hat vielfältig bewiesen, dass durch gut gewählte Regeln für Märkte, seien es bestehende oder neu geschaffene, bessere Marktergebnisse erzielt und Gemeinwohleffekte explizit mitberücksichtigt werden können. Diese Kompetenzen werden auch in der Klimapolitik gebraucht.

4. Unter dem Brennglas: 5 x Klimapolitik für den Bund und die EU

Die Analyse der klimapolitischen Maßnahmen für die Gemeinde hat gezeigt, dass, egal über welche Vorhaben wir reden, man immer im Auge behalten muss, wie diese im Zusammenspiel mit anderen Maßnahmen und Rahmenbedingungen wirken. Manchmal verstärken sich die Vorhaben gegenseitig, manchmal laufen sie aber auch gegeneinander. Auch auf der Ebene der nationalen und internationalen Klima- und Energiepolitik wollen wir uns nun einige Vorschläge genauer anschauen und sie daraufhin abklopfen, ob sie unsere zwei Kriterien erfüllen: Leisten sie einen Beitrag zur Emissionsminderung und einen Beitrag zur besseren Bewältigung der Transformation?

Machen wir es konkret: Angenommen, Sie sind in einen Klima-Bürgerrat berufen worden. Einen solchen Rat gab es auf Bundesebene im Jahr 2021. Der Bürgerrat Klima bestand aus 160 zufällig ausgewählten Menschen, die von Fachleuten unterstützt wurden und sich in zwölf Sitzungen abstimmten. Der Rat hatte die Aufgabe, Empfehlungen zur Klimapolitik auszusprechen. Nehmen wir also an, Sie sind Mitglied in einem Klima-Bürgerrat, und wichtige Fragen stehen zur Entscheidung an. Zur Diskussion stehen folgende Forderungen:

1. Die gesetzlich festgelegte Menge an Solar- und Windenergie soll erweitert werden.

2. Der Kohleausstieg soll auf das Jahr 2030 vorgezogen werden.
3. Es sollen zwei Preiszonen für Strom eingerichtet werden – eine im Norden und eine im Süden Deutschlands.
4. Klimaziele sollen Bestandteil der Wettbewerbspolitik werden.
5. Die EU soll sich mehr dafür einsetzen, dass der Finanzmarkt verstärkt für Klimainvestitionen genutzt werden kann, etwa durch „grüne Bonds".

Warum genau diese fünf Themen? Zum einen, weil sie alle derzeit auf nationaler und europäischer Ebene im Gespräch sind. Was den Ausbau der Solar- und Windenergie betrifft, wurde das Erneuerbare-Energien-Gesetz (EEG) zwar gerade erst reformiert, Kritiker bemängeln jedoch, dass die darin festgelegten Ausbauziele nicht reichen, und fordern einen schnelleren geförderten Ausbau der erneuerbaren Energien. Bezüglich des Kohleausstiegs gibt es ebenfalls viele Stimmen, die ein ambitionierteres Datum befürworten. Auch der Bürgerrat Klima forderte dies. Die Kommission für Wachstum, Strukturwandel und Beschäftigung (Kohlekommission) hatte vorgeschlagen, „erst" 2038 aus der Kohleverstromung auszusteigen. Hintergrund der dritten Forderung ist, dass die EU-Kommission Deutschland gerne in zwei Strompreiszonen einteilen würde, weil das Land zweigeteilt ist: Der Ökostromausbau kommt im Norden schneller voran als im Süden, der Ausstieg aus Kohle und Kernkraft wird den Süden stärker treffen, und der Strom kann nicht in gewünschtem Maße vom Norden in den Süden transportiert werden, weil der Netzausbau stockt. Auf europäischer Ebene wird zudem überlegt, ob man die Klimaziele in die Wettbewerbspolitik einbindet, und beispielsweise den Betreibern von Kohlekraftwerken erlauben sollte, sich bezüglich des Kohleausstiegs abzusprechen. Bislang sind solche (Kartell-)Absprachen zwischen Unternehmen verboten. Schließlich hat die EU-Kommission eine Klassifikation entwickelt, die es Unternehmen leichter machen soll, zu zeigen, dass sie nachhaltige Investitionen tätigen – die sogenannte Taxonomie.

Zum anderen habe ich diese Vorschläge gewählt, weil sie die zentralen Felder der Energiewende betreffen: Wie gelingt es bestmöglich, die erneuerbaren Energien auszubauen und die fossilen Energien zu verdrängen? Wie soll das dazu passende Strommarktdesign aussehen? Sollen sich auch die anderen Politikbereiche der Klimapolitik unterordnen? Und der letzte Vorschlag beschäftigt sich damit, wie man die Kraft der Finanzmärkte besser nutzen kann, die Transformation voranzutreiben. Schauen wir uns daher die fünf Vorschläge einmal genauer an.

Schnellerer Ausbau von Solar- und Windenergie benötigt Standorte, nicht Subventionen

Es ist unumstritten, dass wir mehr Strom- und Windenergiekraftwerke brauchen. Und das schnell. So gingen 2021 nur 484 neue Windräder in Betrieb, in 2017 waren es noch mehr als viermal so viele. Die Frage ist daher nicht, ob ein schnellerer Ausbau sinnvoll ist oder nicht, sondern: Was soll der Staat machen, um diesen Ausbau zu beschleunigen? Wäre der Bürgerrat gut beraten, der Regierung zu empfehlen, die Ausbaupfade, also die Richtlinien, wie viel in welchem Zeitraum ausgebaut werden soll, im EEG zu verschärfen?

Dass das überhaupt eine Frage ist, die man nicht einfach mit Ja beantworten kann, liegt daran, dass auch hier im Hintergrund Märkte am Werk sind. Eigentlich sind die klimapolitischen Weichen für den Strommarkt in Europa schon gestellt: Strom ist

Bestandteil des EU-ETS. Mit der Verschärfung der Klimaziele in Europa wird ein Rückgang der Zertifikate einhergehen, und dies wird dafür sorgen, dass der Stromsektor immer weniger CO_2 ausstoßen wird, denn höhere Zertifikatpreise werden die Stromerzeugung aus Kohle und Gas im Vergleich zu der aus erneuerbaren Energien noch unattraktiver machen. Vor diesem Hintergrund ist es nicht offensichtlich, warum in Deutschland eine extra Förderung für Stromerzeugung aus erneuerbaren Energien bezahlt wird und ein Gesetz zum Kohleausstieg verabschiedet wurde. Sind diese zusätzlichen Markteingriffe nötig, obwohl es das EU-ETS gibt?

Das Erneuerbare-Energien-Gesetz, das die Förderung der Stromerzeugung aus erneuerbaren Energien regelt, gibt es seit dem Jahr 2000. Damals gab es nur wenige Solar- und Windkraftwerke, und sie waren in der Anschaffung ziemlich teuer und nicht so leistungsfähig wie heute. Das EEG legt fest, dass die Kraftwerksbetreiber – dazu zählt auch jeder Haushalt, der eine PV-Anlage auf dem Dach hat und den Strom in das Netz einleitet – eine Einspeisevergütung für ihren Strom aus erneuerbaren Energien für die Dauer von 20 Jahren bekommen.

Im Gegenzug müssen die Verbraucher als Teil des Strompreises die sogenannte EEG-Umlage bezahlen. Das EEG regelt auch, dass jeder, der ein Windkraftwerk oder Solarkraftwerk baut, einen Anspruch darauf hat, dass dieses an das Stromnetz angeschlossen und der erzeugte Strom eingespeist wird.

Ursprünglich gingen die politisch Verantwortlichen davon aus, dass die Belastungen der Haushalte durch die EEG-Umlage überschaubar bleiben würden. Im Jahr 2004 sagte der damalige Umweltminister Jürgen Trittin: „Es bleibt dabei, dass die Förderung erneuerbarer Energien einen durchschnittlichen Haushalt nur rund einen Euro im Monat kostet – so viel wie eine Kugel Eis." Das war nicht zu halten: 2020 zahlte ein Durchschnittshaushalt jährlich etwa 300 Euro für die EEG-Umlage, also 25 Eiskugeln im Monat. Die Förderung bei neuen Anlagen ist hingegen im Lauf der Zeit gewaltig gefallen. Bekam ein großes Solarkraftwerk im Jahr 2000 noch 50 Cent pro Kilowattstunde (kWh), waren es im Jahr 2021 weniger als 10 Cent, bei den großen Betreibern sogar nur gut 6 Cent. Windenergie und Solarenergie lassen sich heute aber auch um ein Vielfaches günstiger erzeugen als vor 20 Jahren.

Viele sehen den Preisrückgang bei den erneuerbaren Energien als Folge des EEG, da es dadurch gelungen sei, Anreize für die Produktion und die technische Entwicklung von Solar- und Windkraftwerken zu schaffen, und so diese Kostenreduktion herbeizuführen. Belastbare ökonomische Studien für diese Wirkung des EEG gibt es allerdings nicht. Solche Studien wären auch schwierig, da Solar- und Windkraft in aller Welt entwickelt, produziert und eingesetzt wird, nicht nur in Deutschland, und der Preisrückgang bereits in den 1990er Jahren begann. Unbestritten ist jedoch, dass das EEG einen großen Impuls für den Ausbau der erneuerbaren Energien in Deutschland gegeben hat. Und ohne die unkomplizierte (und teilweise auch großzügige) Förderung hätten wir heute nicht so viele Privathaushalte, die mit der PV-Anlage auf dem Dach als „Prosumer", also als Produzent und Konsument gleichzeitig, am Strommarkt beteiligt sind. Sie produzieren ihren eigenen Strom, verbrauchen diesen zum Teil und den Rest geben sie ins Stromnetz und bekommen dafür eine Einspeisevergütung. Zu anderen Zeiten, wenn die Sonne nicht scheint, beziehen sie wie ein gewöhnlicher Kunde Strom aus dem Netz und zahlen dafür an ihren Versorger.

Das EEG wurde erst kürzlich mit Wirkung zum 1. Januar 2021 reformiert. Es legt fest, wie Windenergie und Photovoltaik in den nächsten Jahren ausgebaut werden sollen, um das Ziel von 65 Prozent erneuerbaren Energien bis 2030 zu erreichen.

Das sogenannte Osterpaket der Bundesregierung von 2022 sieht sogar einen Ausbau von 80 Prozent vor. Ist das eine sinnvolle Maßnahme? Die Antwort ist nicht einfach, und dahinter steckt unter anderem wieder einmal der Wasserbetteffekt. Denn die Förderung von erneuerbaren Energien in Deutschland führt dazu, dass wir zwar mehr Strom aus erneuerbaren und damit weniger aus fossilen Energien erzeugen. Damit benötigt der Stromsektor in Deutschland aber weniger Zertifikate, die dann an anderer Stelle verwendet werden. Eine eigene Klimawirkung hat diese Maßnahme also nicht. Aus europäischer Perspektive spricht daher einiges dafür, das EEG auslaufen zu lassen und die Anlagen für erneuerbare Energien ohne eigene Förderung über den Strommarkt zu finanzieren.

Dies hätte auch eine wichtige steuernde Wirkung. Weil die Förderung pro Kilowattstunde Strom erfolgt, ist es derzeit am lohnendsten, die Solaranlagen nach Süden auszurichten, weil sie so die meiste Sonne abbekommen. Dies hat zur Folge, dass es mittags sehr viel Strom aus Solarenergie gibt und in den Nachmittagsstunden weniger. Das bedeutet, am Mittag sinken die Strompreise, weil das Angebot hoch ist, und danach steigen sie an. Wenn die Erzeuger von Solarstrom keine Förderung bekämen, sondern ihren Strom am Strommarkt verkaufen würden, hätten sie einen Anreiz, einige ihrer Solarpanele nach Westen auszurichten, um die Nachmittags- und Abendsonne einzufangen und dann Strom zu liefern, wenn die Preise höher sind. Ihr Solarkraftwerk würde zwar insgesamt weniger Strom erzeugen, aber zu Stunden, in denen er stärker nachgefragt wird.

Ähnliches gilt für Windkraftwerke – derzeit werden sie dort angesiedelt, wo viel Wind weht. Sinnvoll wäre es aber, sie auch dort anzusiedeln, wo weniger Wind weht, dafür aber zu Zeiten, in denen der Strom aus Wind mehr gebraucht wird. Um diese Integration der erneuerbaren Energien in den Strommarkt voranzubringen, erhalten die Betreiber von erneuerbaren Energien derzeit eine zusätzliche Prämie, wenn sie ihren Strom zu einem Zeitpunkt einspeisen, an dem der Preis höher ist, also zum Beispiel nachmittags und abends. Ein Schritt in die richtige Richtung.

Warum hält die Bundesregierung dennoch am EEG fest? Der Grund dafür sind die deutschen Ziele für den Ausbau der erneuerbaren Energie. Die Bundesregierung ist skeptisch, diese alleine durch den EU-ETS erreichen zu können. Mit dem EEG und festen Ausbaukorridoren kann sie sicherstellen, dass diese Ziele in Deutschland erreicht werden. Es gibt also einen gewissen Konflikt zwischen den europäischen Emissionszielen und den deutschen Ausbauzielen für erneuerbare Energien: Denn das EU-ETS sorgt ja bereits dafür, dass der CO_2-Ausstoß im Stromsektor geregelt ist und perspektivisch sinkt. Eine zusätzliche deutsche Regelung liefert auf europäischer Ebene keinen Mehrwert. Schlimmer noch: Sie bewirkt, dass die Kosten für das Erreichen dieser Ziele auf europäischer Ebene sogar steigen.

Wieso ist das so? Deutschland baut die erneuerbaren Energien mit einer Subvention aus, die von den Stromkunden über die EEG-Umlage finanziert wird. In der Folge benötigt Deutschland weniger Zertifikate aus dem EU-ETS. Dadurch werden diese Zertifikate für die anderen Stromerzeuger und energieintensiven Unternehmen in Europa billiger. Die Preisreduktion wird also „erkauft" durch die deutsche Subvention. Die Kosten steigen in Deutschland und fallen in den anderen Ländern. Insgesamt wird es aber für alle teurer, weil sie in Deutschland stärker steigen, als sie in den anderen Ländern fallen.

Warum Deutschland insgesamt sogar mehr zahlt, als der Rest von Europa einspart, hat folgenden Grund: Der europäische Zertifikatehandel mit seinem einheitlichen CO_2-Preis sorgt dafür, dass genau dort eingespart wird, wo die Kosten für die Einsparung am niedrigsten sind. Er führt also zu einer effizienten Einsparung. Wenn Deutschland das System verändert, indem es subventionierten Strom aus erneuerbaren Energien in den Markt bringt, wird es ineffizienter. Da am Ende die gleiche Menge an CO_2-Emissionen entsteht – dafür sorgt ja das EU-ETS mit seinem Cap –, wird sich diese ungleiche Behandlung in den Gesamtkosten niederschlagen.

Aus diesem Dilemma gibt es drei mögliche Auswege: Am effizientesten wäre es, das EEG auslaufen zu lassen, auf eigene deutsche Ziele im Stromsektor zu verzichten und sich auf das EU-ETS zu verlassen. Wenn es uns in Europa in den Sektoren des EU-ETS insgesamt gelingt, die Emissionen einzusparen, warum benötigen wir dann noch deutsche Extraziele? Die zweite Möglichkeit wäre, die deutschen Ziele anzupassen, und zwar so, dass sie in etwa dem entsprechen, was auch passieren würde, wenn es nur das EU-ETS gäbe. Dies würde bedeuten, dass sich die erneuerbaren Energien weitestgehend über den Strommarkt finanzieren könnten und keine zusätzliche Förderung benötigen würden. Wie bereits geschildert, haben die Ausschreibungen dazu geführt, dass in manchen Bereichen Förderungen nicht mehr gebraucht werden. Wenn sich dieser Trend fortsetzt, macht sich das EEG selbst überflüssig. Der dritte Weg ist, so weiterzumachen wie bisher, mit eigenen deutschen Ausbauzielen, die möglicherweise schärfer sind als das, was mit dem EU-ETS allein erreicht würde. Dann müsste auch das EEG fortgeführt werden.

Wenn wir wieder unsere zwei Bewertungskriterien anwenden (Reduktion der Emissionen, Bewältigung der Energiewende), so spricht einiges dafür, den ersten Weg zu beschreiten. Die Klimawirkung des geförderten Ausbaus von Wind- und Solarstrom in Deutschland reicht nicht über das EU-ETS hinaus. Trägt das EEG zur besseren Bewältigung der Energiewende bei? Vielleicht insofern, als durch die deutschen Ausbauziele mehr „Druck im

Kessel" ist, um geeignete Standorte für Windkraftwerke zu finden, Planungsverfahren zu beschleunigen und etwa durch Bürgerbeteiligungen neue Wege zu gehen. Als Purist würde man vermutlich argumentieren, dass man diese Maßnahmen auch ergreifen kann, ohne die erneuerbaren Energien zu subventionieren. Ich bin optimistisch, dass der Ausstieg aus dem EEG irgendwann erfolgen wird. Der Koalitionsvertrag der Bundesregierung sieht nämlich vor, dass „mit der Vollendung des Kohleausstieges [...] wir die Förderung der Erneuerbaren Energien auslaufen lassen [werden]."

Aber zurück zur Ausgangsfrage: Wie gelingt der schnellere Ausbau von Solar- und Windenergie? Ein wichtiger Grund für den langsamen Ausbau von Windkraftwerken – übrigens auch bei den Stromnetzen – ist das Akzeptanzproblem. Selbst grundsätzliche Befürworter der Energiewende wehren sich, wenn sie selbst betroffen sind. „Not in my backyard" (Nicht bei mir im Hinterhof) nennt man heute, was früher als Sankt-Florians-Prinzip bekannt war: „Verschon' mein Haus, zünd' andre an." Sie argumentieren, ein Windkraftwerk in Sicht- und Hörweite – ähnlich wie ein Stromübertragungsnetz in der Nachbarschaft – mindere die Wohnqualität und reduziere die Immobilienpreise. Und ganz Unrecht haben sie damit nicht. So verwundert es nicht, dass betroffene Bürger, aber auch Gemeinden, Landkreise und Städte zahlreiche Klagen gegen Windparks und Trassenverläufe angestrengt haben. Um in den juristischen Auseinandersetzungen die Belange der Betreiber zu stärken, will die Bundesregierung festlegen, dass die Errichtung von Windkraftanlagen und Stromnetzen im öffentlichen Interesse liegt und der öffentlichen Sicherheit dient. Damit könnte das europäische Umweltrecht, insbesondere die Vogelschutzrichtlinie, nicht mehr gegen Windräder und Strommasten ins Feld geführt werden. Ein Interessenausgleich zwischen Arten- und Naturschutz einerseits und

Energiebelangen andererseits sollte sich dennoch im Einzelfall finden lassen.

Außerdem will die Bundesregierung Planungs- und Genehmigungsverfahren erleichtern. Pläne sollen nur noch elektronisch zur Ansicht „ausgelegt“ werden, bestimmte verwaltungstechnische Genehmigungsschritte sollen entfallen. Vielversprechend sind auch Bestrebungen, um zu erreichen, dass Kommunen von Windenergieanalagen und größeren Freiflächen-Solaranlagen auf ihrem Gebiet finanziell stärker profitieren. Auch „Bürger-Energie“, also die Beteiligung von Bürgern an Energie-Genossenschaften, oder Bürgerenergietarife, also günstiger Ökostrom für Kommunen mit Wind- oder Solaranlagen, sind geeignete Instrumente, um die Akzeptanz zu stärken und ökonomische Vernunft walten zu lassen.

Kohleausstieg 2030 durch CO_2-Preise

Im Jahr 2020 haben Bund und Länder den Kohleausstieg in Deutschland bis spätestens 2038 beschlossen. Gleichzeitig einigten sie sich auf Hilfen in Höhe von 40 Mrd. Euro für die Kohleregionen und Entschädigungen für die Kraftwerksbetreiber im Umfang von gut 4,35 Mrd. Euro. Dieser extrem teure Kohleausstieg lässt sich mit dem Klimaschutz nicht begründen, er ist vielmehr ein Instrument, um den Strukturwandel abzufedern. Warum dient er nicht dem Klimaschutz? Da der Strom aus Kohle Teil des EU-ETS ist, gilt hier einmal mehr, dass ein Kohleausstieg den Bedarf an Zertifikaten in Deutschland verringert, die dann an anderer Stelle genutzt werden. Die Gesamtemissionen in Europa gehen nicht zurück, weil der Wasserbetteffekt wirkt.

Es wundert also schon, dass so lautstark um den Zeitpunkt des Kohleausstiegs gerungen wurde, denn der ist überhaupt nicht entscheidend. Wenn nun einige einen Ausstieg – und damit auch das Ende der Beschäftigung für viele Menschen in den betroffenen Regionen – bereits für 2030 fordern, so ist das für das Klima nicht von Relevanz. Hinzu kommt, dass auch das EU-ETS mit seinen CO_2-Preisen mittelfristig dazu führen wird, dass die Stromerzeugung aus Kohle unrentabel wird – das Beispiel Großbritannien hat gezeigt, dass genau dieser marktwirtschaftliche Ausstieg funktioniert. Da die Preise im EU-ETS mittlerweile stark angestiegen sind, ist nicht auszuschließen, dass allein dadurch der Ausstieg bereits vor 2030 erfolgen könnte. Auf der anderen Seite versucht die Bundesregierung als Konsequenz des Kriegs in der Ukraine, sich von russischem Gas zu lösen. Gas, das vermehrt als Flüssiggas nach Deutschland kommen soll, wird dadurch teurer. Der Kohleausstieg verschiebt sich dann nach hinten.

Die Kohlekommission, die den Ausstieg bis 2038 empfahl, hatte aber eine wichtige Funktion bei der Bewältigung der Energiewende: Denn diesen Strukturwandel – weg von der Kohle hin zu erneuerbaren Energien – gilt es in Deutschland zu begleiten, weil die Braunkohleförderung hier wesentlich relevanter und mit viel mehr Arbeitsplätzen verbunden ist als etwa in Großbritannien. Ein Großteil der Mittel fließt in vom Kohleausstieg betroffene Regionen, um Perspektiven für die Menschen dort zu entwickeln. Neben Investitionen etwa in Straßen und Bahnstrecken werden damit unterschiedlichste Projekte in den vier „Kohleländern" Brandenburg, Nordrhein-Westfalen, Sachsen und Sachsen-Anhalt gefördert, so zum Beispiel ein Forschungszentrum für Carbonfasern in der Lausitz oder die Bahnhofssanierung in der Gemeinde Weißwasser.

Die Stoßrichtung ist sinnvoll. Eine Reihe von Studien hat gezeigt, dass diese Form der Regionalförderung eine positive Wirkung auf Arbeitsplätze hat und regionale Ungleichheiten beseitigt. Ein geplanter und mit Fördermitteln begleiteter Kohleausstieg ist also zur Reduktion von CO_2 nicht notwendig, wohl aber zur Bewältigung der Energiewende. Ein Vorziehen des Ausstiegs würde wohl zu niedrigeren Zertifikatpreisen führen, da in Deutschland dann weniger Zertifikate gebraucht werden. Diese würden aber dann an anderer Stelle genutzt. Die Nutzer der Zertifikate fänden also ein Vorziehen gut, und vermutlich auch die EU-Kommission, da es ihr bei niedrigeren Belastungen durch Zertifikate leichter fallen wird, die Klimapolitik konsequent weiterzuverfolgen. Nach unseren beiden Bewertungskriterien – Reduktion der Emissionen oder bessere Bewältigung der Energiewende vor Ort – lässt sich ein Vorziehen aber nicht begründen.

Unterschiedliche Strompreise im Norden und Süden

Die EU-Kommission, die für den Stromhandel im europäischen Binnenmarkt zuständig ist, würde Deutschland gerne in zwei Strompreiszonen aufteilen. Im Süden würden dann andere Strompreise gelten als im Norden. Zwar könnten alle Versorger den Strom weiterhin an der Strombörse in Paris kaufen, sie müssten dann aber sagen, ob sie ihn für Norddeutschland oder Süddeutschland benötigen. Der Grund für diesen Vorschlag ist, dass das Stromnetz in Deutschland viele Engpässe aufweist. Bei einem komplett ausgebauten Stromnetz spricht man von einer „Kupferplatte“: Es ist egal, wo man den Strom einspeist oder ausspeist, denn er lässt sich von jedem beliebigen Ort zu jedem anderen beliebigen Ort transportieren, wie bei einer Kupferplatte.

Die Stromnetze sind in Deutschland aber nicht gut ausgebaut, und das ist ein Problem für die Energiewende. Denn Kernkraftwerke und Steinkohlekraftwerke wurden dort angesiedelt, wo die Energie verbraucht wurde. Strom aus Windkraft wird hingegen vor allem im Norden der Republik erzeugt und muss in den Süden transportiert werden, wo eine große Nachfrage besteht. Entsprechende Stromtrassen sind auch längst geplant. Die Netzplanung umfasste Ende 2019 Leitungen von 5.830 Kilometer Länge. Davon waren aber bis Ende 2020 nur 372 Kilometer umgesetzt. Es wird also noch sehr lange dauern, bis das Stromnetz einer Kupferplatte gleicht.

Symptomatisch für diese Verzögerungen sind die Entwicklungen rund um die geplanten Stromnetze, die nach Bayern führen sollen: Südlink von Hamburg aus und Südostlink von Sachsen-Anhalt aus. Der Plan führte zu massiven Bürgerprotesten, insbesondere gegen die 75 Meter hohen Strommasten. Im Jahr 2014 stellte sich der damalige bayerische Ministerpräsident Seehofer an die Seite der Trassengegner: „Es wird gegen Bayern und die ganzen Kommunen hier keine Stromtrassen gegen unseren Willen geben." Zumindest für Südlink wurde ein Kompromiss erreicht, indem große Teile der neuen Leitungen umgeplant wurden – sie sollen nun als Erdkabel anstatt über Strommasten laufen. Durch die drei- bis achtmal so teuren Erdkabel steigen die Kosten von Südlink um mehrere Milliarden Euro. Die höheren Kosten sind eine Bürde, aber waren wohl nicht zu vermeiden. Eigentlich sollte Südlink 2022 in Betrieb gehen, wenn die letzten Atomkraftwerke abgeschaltet werden, nun wird das Jahr 2028 angepeilt. Doch selbst dieses Datum ist ambitioniert, weil noch viele Rechtsverfahren vor Gericht entschieden werden müssen.

Wegen der starken Erzeugung im Norden und der großen Nachfrage im Süden würde es helfen, wenn mehr Strom im Norden verbraucht würde und weniger im Süden, und wenn sich Stromerzeuger eher im Süden als im Norden ansiedeln würden. Dafür könnten zwei Preiszonen nützlich sein. Sie würden dazu führen, dass der Strom häufig im Norden billiger wäre als im Süden. Windstrombetreiber, die auf Marktpreise reagieren, hätten mehr Anreiz, sich im Süden anzusiedeln, selbst wenn dort weniger Wind weht, weil dort die Strompreise höher wären und sie mehr Geld mit dem Windstrom verdienen könnten. Und Unternehmen hätten einen Anreiz, sich im Norden niederzulassen, wo die Strompreise günstiger sind. Mehr Ansiedlung im Norden wäre auch sinnvoll, weil dort mehr Strom erzeugt wird. Der Energiesektor wäre effizienter, und der notwendige Netzausbau wäre geringer. Die Bayern wären allerdings von den höheren Strompreisen im Süden nicht begeistert. Das macht es im politischen Prozess nicht einfacher, regionale Preise einzuführen. Bis dahin (und grundsätzlich) ist es sinnvoll, sich Gedanken darüber zu machen, wie denn ein Strommarkt für ein Netz mit Engpässen aussehen sollte, bei dem es nicht egal ist, wo man Strom in das Netz einspeist und wo man ihn wieder entnimmt. Ein richtiger Umgang mit diesen Engpässen kann zur Wirtschaftlichkeit des Stromsystems beitragen und manchen Netzausbau überflüssig machen. Das ökonomische Idealmodell sieht in solchen Fällen nicht nur zwei Strompreise vor – wie im Vorschlag der EU-Kommission –, sondern noch viel mehr.

Entwickelt wurde dieses Modell der sogenannten Knotenpreise (Nodal Pricing) schon in den 1980er Jahren. Es ist heute in Teilen der USA, in Neuseeland und Singapur üblich. Als Knoten werden die Orte bezeichnet, an denen Strom aus dem Netz entnommen oder ins Netz eingespeist wird. Und Knotenpreis besagt, dass an diesen Stellen jeweils eigene und immer mal wieder unterschiedliche Preise gelten. Kann aller Strom gut transportiert werden, sind die Preise überall gleich. Gibt es aber Netzengpässe, sieht es anders aus. An Orten, an denen viel Strom erzeugt wird, der nicht weitertransportiert werden kann, sind die Strompreise niedrig, damit die Nachfrager dort viel Strom kaufen. An Orten, an denen eine hohe Nachfrage besteht und wenig Strom erzeugt wird, ist der Strompreis hingegen hoch. Mit den Knotenpreisen bekommt Knappheit – in diesem Fall knappe Stromleitungskapazität – einen Preis.

Dieses Prinzip hat sich im Marktdesign bewährt: Die Preise sollen da steigen, wo etwas knapp ist. Das Pendant dazu im Straßenverkehr, die Anti-Stau-Maut, wurde bereits beschrieben. Doch während man im Straßenverkehr unmittelbar vom Engpass betroffen ist – man steckt im Stau –, trifft einen der Stau im Strommarkt mittelbar: Denn die Kosten zur Engpassbewirtschaftung werden auf alle Kunden des Netzbetreibers umgelegt. Sie entstehen dadurch, dass der Netzbetreiber bestimmte Kraftwerke anweist, zu produzieren, während andere die Produktion einstellen müssen, um den Stromstau aufzulösen. Für dieses Herunter- bzw. Hochfahren erhalten die Kraftwerke eine Kompensation.

Knotenpreise sind zwar derzeit in Deutschland nur schwer vorstellbar, und auch gegen die Zwei-Preiszonen-Lösung regt sich viel Widerstand. Doch grundsätzlich spricht einiges dafür – es kann nur etwas dauern, bis sich diese Lösung durchsetzt.

Eine Zwischenlösung könnte sich bei den Netzentgelten finden lassen, also den Gebühren, die Stromanbieter an die Netzbetreiber zahlen, um Strom durch die Versorgungsnetze leiten zu dürfen. Sie werden derzeit auf die Stromkunden in Abhängigkeit von ihrem Verbrauch im Versorgungsgebiet des Netzbetreibers umgelegt. Ein besserer Ansatz wäre, dass neue Stromerzeuger und auch neue Stromverbraucher, die ans Netz wollen, dafür eine eigene Gebühr zahlen, die aber stärker abhängig vom Standort wäre (auch jetzt gibt es schon eine gewisse räumliche Variation). Da mehr Strom im Süden gebraucht wird, würde beispielsweise ein Windkraftwerk, das sich in Bayern ansiedelt, weniger Netzanschlussgebühren bezahlen als ein Windkraftwerk, das seinen Betrieb in Schleswig-Holstein aufnehmen will. Und ein Unternehmen, das in Niedersachsen Strom verbrauchen möchte, würde billiger ans Netz angeschlossen als eines, das in Baden-Württemberg Strombedarf hat. Damit ließe sich ein Teil der Netzgebühren finanzieren. Vor allem aber würde diese Form der Gebührenverteilung bessere Anreize zur effizienten Ansiedlung von Kraftwerken und energieintensiven Unternehmen schaffen. Kraftwerke, die auf erneuerbaren Energien basieren, und Gaskraftwerke, die flexibler in der Standortwahl sind als etwa Kohlekraftwerke, würden dort gebaut, wo der Strom gebraucht wird, und Unternehmen würden dahin gehen, wo viel Strom erzeugt wird. Der Effekt wäre ähnlich wie bei den Knotenpreisen, und der Netzausbau könnte etwas geringer ausfallen, denn Stromerzeugung und -verbrauch würden örtlich wieder mehr zusammenfallen.

Zwei Strompreiszonen in Deutschland führen zwar nicht zu weiteren CO_2-Reduktionen – im Strommarkt gilt nun mal das EU-ETS mit seinem Wasserbetteffekt –, sie würden aber zu einem besseren Ausgleich von Angebot und Nachfrage führen und zu besseren Anreizen, was die Ansiedlung von Kraftwerken und Verbrauchern betrifft. Um die Energiewende zu bewältigen, spricht einiges dafür, den Strommarkt der Zukunft so effizient wie möglich zu machen, idealerweise mit Knotenpreisen.

Kooperationen, keine Kartelle für den Klimaschutz

Wenden wir uns nun der europäischen Ebene und der Frage zu, ob sich auch andere Politikbereiche der Klimapolitik unterordnen sollten, genauer gesagt die Wettbewerbspolitik. Diesen etwas abstrakteren Bereich bringt man auf den ersten Blick nicht mit Klimaschutz in Verbindung. Doch überlegt die Europäische Union, Nachhaltigkeitsziele stärker im Wettbewerbsrecht zu verankern, um ihre Klimaziel zu erreichen.

Die Nachhaltigkeitsziele (Sustainable Development Goals) gehen weit über den Klimaschutz hinaus. Sie wurden im Jahr 2015 von den Vereinten Nationen verabschiedet und umfassen ökonomische, ökologische und soziale Aspekte. Zu den 17 Zielen gehören Umweltziele, wie die Bekämpfung des Klimawandels und der Umweltverschmutzung sowie die Erhaltung der Artenvielfalt, aber auch Entwicklungsziele, wie die Sicherung eines Existenzminimums, der Kampf gegen Hunger und eine nachhaltige Wirtschaft. Das Tierwohl zählt übrigens nicht zu diesen Nachhaltigkeitszielen, wird aber in der Diskussion darüber häufig mit berücksichtigt. In der Wettbewerbspolitik wird nun diskutiert, ob Kooperationen von Unternehmen zur Erreichung von Nachhaltigkeitszielen erlaubt werden sollten, auch wenn diese aus wettbewerblicher Sicht problematisch sind. Kooperationen klingen ja eigentlich gut, aber auch Kartelle, also beispielsweise Preisabsprachen, sind nichts anderes als Kooperationen zwischen Unternehmen. Es ist ein schmaler Grat zwischen Kooperationen, die für die Gesellschaft gut, und solchen, die schlecht sind.

In Deutschland gibt es bereits die Möglichkeit, durch eine sogenannte Ministererlaubnis vom Wettbewerbsrecht abzuweichen, wenn dies dem Gemeinwohl, also zum Beispiel dem Klimaschutz, dient. Wenn das Bundeskartellamt eine Fusion aus Wettbewerbsgründen untersagt hat, können die beteiligten Unternehmen beim Bundeswirtschaftsministerium beantragen, diese Fusion doch zuzulassen, wenn „gesamtwirtschaftliche Vorteile" des Zusammenschlusses die Wettbewerbsbeschränkung aufwiegen oder ein „überragendes Interesse der Allgemeinheit" den Zusammenschluss rechtfertigt. So hat zum Beispiel der damalige Bundeswirtschaftsminister Peter Altmaier im Jahr 2019 die Fusion der Unternehmen Miba und Zollern, die das Bundeskartellamt untersagt hatte, mit dem Argument erlaubt, dass das gemeinsame Unternehmen die „Energiewende mit seiner

Forschung, Entwicklung und Produktion von Gleitlagern entscheidend voranbringen" kann. Seit 1974 gab es 23 Anträge auf Ministererlaubnis, von denen zehn bewilligt wurden, teilweise mit Auflagen. Das Instrument wird also recht selten genutzt. Die bisherigen Fälle haben aber deutlich gemacht, dass es nicht so einfach ist, „gesamtwirtschaftliche Vorteile" zu definieren.

Andere europäische Länder stehen ebenfalls vor der Frage, wie Nachhaltigkeitsziele zu definieren sind, und ob die Erreichung solcher Ziele wichtiger sein kann als der Wettbewerbseffekt. In den Niederlanden, wo es keine Ministererlaubnis gibt, beschäftigte sich das dortige Kartellamt anlässlich des Kohleausstiegs mit dieser Frage. Betreiber von Kohlekraftwerken wollten sich zusammentun, um die Abschaltung ihrer Kraftwerke zu koordinieren. Die niederländische Kartellbehörde musste prüfen, ob eine solche Absprache, die vermutlich zu höheren Preisen für die Kunden führt, zulässig ist, um das Nachhaltigkeitsziel Klimaschutz zu erreichen. Nach Ansicht der Behörde war dies nicht der Fall. Sie argumentierte, dass die positive Auswirkung der vorgeschlagenen Vereinbarung der Kohlekraftwerksbetreiber gering sei, da die Abschaltung ihrer Kraftwerke den Gesamtausstoß von CO_2 nicht verringere. Der Grund ist wieder das EU-ETS und der Wasserbetteffekt: Wenn die Niederländer weniger Zertifikate verbrauchen, würde jemand anderes in Europa mehr verbrauchen. Die Kosten der Kooperation, nämlich weniger Wettbewerb auf dem niederländischen Energiemarkt, hätten hingegen einen negativen Effekt, nämlich höhere Preise für die Kunden. Deswegen wurde die Absprache untersagt.

Die niederländische Wettbewerbsbehörde hat also die Reduktion von CO_2-Emissionen in Europa als Nachhaltigkeitsziel definiert, und das ist auch sinnvoll. Allerdings haben die Niederländer – wie die Deutschen – auch nationale Einsparziele. Und der Kohleausstieg trägt zweifellos dazu bei, das die nationalen

Einsparziele in den Niederlanden besser erreicht werden. Welches Nachhaltigkeitsziel ist denn nun wichtiger – die Reduktion der europäischen oder der niederländischen Emissionen? Für die EU-Kommission in Brüssel vermutlich die europäischen Ziele, für die niederländische Regierung in Den Haag die niederländischen – und das Klima? Das interessiert sich nur für die weltweite Reduktion an Emissionen.

Schon so war der Fall komplex, und es wurde noch komplizierter: Denn die niederländische Behörde erklärte, sie würde die Kooperation dann erlauben, wenn die Firmen nicht nur die Produktion an Kohlestrom verringerten, sondern auch die entsprechende Anzahl von Emissionszertifikaten vom Markt nehmen würden. Dies hätte zu einer echten Reduktion von CO_2-Emissionen in Europa geführt, denn der Wasserbetteffekt wäre ausgeblieben. Die Unternehmen lehnten den Vorschlag der niederländischen Wettbewerbsbehörde jedoch ab, denn sie wollten ihre überschüssigen Zertifikate lieber verkaufen. Aber hier stellt sich ein Problem mit dem Nachhaltigkeitsziel: Die EU hat ja die Anzahl der Zertifikate bereits so festgelegt, dass die europäischen Klimaziele erreicht werden. Kann es dann noch ein Ziel im Interesse der Gemeinschaft sein, über diese von der Gemeinschaft festgelegten Klimaziele hinauszugehen?

Um die negativen Wirkungen auf den Wettbewerb und die positiven Wirkungen für das Nachhaltigkeitsziel gegeneinander abwägen zu können, ist es sinnvoll, die Vorteile – Ökonomen sprechen von Wohlfahrtsgewinnen – umweltpolitischer Maßnahmen zu messen. In den Wirtschaftswissenschaften gibt es dazu bereits Ansätze. Dabei stellen sich spannende Fragen: Wie hoch ist der Wohlfahrtsgewinn, wenn sich die positiven Effekte erst für zukünftige Generationen ergeben? Und wie misst man Wohlfahrtsgewinne, wenn es sich um ein öffentliches Gut, wie zum Beispiel die Atmosphäre, handelt?

Ökonomen nennen dies das „Allmende-Problem“: Eine Allmende ist eine Gemeindewiese, auf der alle Bauern ihre Kühe weiden lassen können. Ein Problem entsteht dann, wenn dort zu viele Kühe stehen und das Gras nicht ausreicht bzw. nicht mehr ausreichend nachwachsen kann. Jeder Bauer muss sich also fragen, ob er weniger Kühe auf die Allmende treibt oder sie dort kürzer fressen lässt. Dies bedeutet einen Vorteil für die Allgemeinheit, aber weniger Ertrag für ihn. Wenn jeder denkt, die anderen könnten ja weniger Kühe weiden lassen, funktioniert das Prinzip der Allmende nicht mehr. Notwendig sind also klare Absprachen der Bauern, was die Zahl der grasenden Kühe betrifft, damit alle profitieren.

Mit der Klimaproblematik ist es ähnlich: Die Allmende des Klimas ist die Atmosphäre. Und das Grasen der Kühe sind die von uns verursachten Emissionen, die für die Klimakrise verantwortlich sind. Jeder Mensch, jedes Unternehmen und jedes Land sollte eigentlich Zurückhaltung üben, doch kann sich auch jeder auf den Standpunkt stellen: Sollen doch erst einmal die anderen machen. Wenn die anderen CO_2 reduzieren, profitiert man zwar kurzfristig selbst davon, ist also Trittbrettfahrer, langfristig funktioniert aber das System nicht mehr.

Das Bild des Trittbrettfahrers kommt von den alten Straßenbahnen, bei denen man aufspringen konnte: Der Trittbrettfahrer fuhr „umsonst“ mit. Er profitierte von der Fahrt, zahlen mussten die anderen. Wegen dieser Trittbrettfahrerproblematik in der Klimapolitik ist es häufig schwierig, vom individuellen Verhalten des Einzelnen auf den Wert zu schließen, den diese Person einem öffentlichen Gut beimisst. Manchmal geht dies aber doch, über Umwege: So hat eine Studie 2016 den Wert städtischer Grünflächen – auch ein öffentliches Gut – in Kopenhagen untersucht. Dort war nämlich zu beobachten, dass die Wohnungspreise höher sind, wenn eine Wohnung näher an einem Park liegt. Aus diesen erhöhten Wohnungspreisen und unter Berücksichtigung von Bauqualität, Wohnungsgröße usw. konnte man nun den Wohlfahrtsgewinn ableiten: Am Beispiel eines kleinen Parks ließ sich errechnen, dass die Wertschätzung für den Erhalt dieses Parks jährlich 2 Mio. Euro betrug.

Um die Wertschätzung für öffentliche Güter zu ermitteln, greift man auch oft auf Befragungen zurück: Man fragt dann, wie viel wären Sie bereit, für sauberen Strom, für mehr Tierwohl, für Biodiversität usw. zu bezahlen, wenn alle diesen Preis zahlen würden? In den USA wurde eine solche Befragung nach der Umweltkatastrophe im Golf von Mexiko 2010 durchgeführt. Damals waren nach der Explosion der BP-Bohrinsel Deepwater Horizon etwa 800 Mio. Liter Öl ins Meer geflossen. Die Schäden für das Ökosystem, den Tourismus und die Fischerei waren massiv. Die Befragung ergab, dass der durchschnittliche US-Haushalt bereit wäre, 153 US-Dollar zu zahlen, um eine weitere Katastrophe dieser Art zu verhindern. Hochgerechnet auf die gesamte Bevölkerung der USA ergibt dies eine beeindruckende Zahlungsbereitschaft von 17,2 Mrd. US-Dollar.

Beim Klimawandel ist die Berechnung schwieriger, denn es geht um ein globales öffentliches Gut. Europa ist für weniger als 10 Prozent der weltweiten CO_2-Emissionen verantwortlich, die Vorteile der CO_2-Reduzierung kommen jedoch allen Kontinenten zugute. Streng genommen gibt es auch hier Länder, die mehr, und andere, die weniger zu verlieren haben, wenn der Klimawandel nicht gebremst wird. Es könnte also sein, dass, wenn man in Europa Personen befragt, wie viel sie bereit wären für CO_2-Reduktionen zu zahlen, wenn alle Europäer (und nur die Europäer) den gleichen Preis zahlen würden, die Antwort recht niedrig ausfallen würde.

Dies führt uns nun zu unserer Ausgangsfrage zurück: Sollte die Bundesregierung sich dafür einsetzen, verstärkt Nachhaltigkeitsziele in der Wettbewerbspolitik zu verankern? Gemäß unseren beiden Kriterien würde man dies bejahen, wenn die Nachhaltigkeitsziele sauber definiert und gemessen werden. Dies ist ein großer Vorbehalt, denn wie wir gesehen haben, sind die Probleme dabei nicht trivial. Hinzu kommt, dass in vielen Fällen die erreichten Ziele leichter und einfacher durch andere Instrumente erreicht werden können. Entweder durch Märkte oder Preissysteme (CO_2-Reduktionen durch den Emissionshandel, Feinstaubreduktion durch eine intelligente Straßenmaut) oder durch Regulierung, wie etwa im Falle des Tierwohls durch Festlegung von Mindestgrößen für Ställe. Dafür muss man dann nicht auf den Wettbewerb verzichten.

Die Taxonomie den Märkten überlassen

Der Finanzmarkt ist der ultimative Markt, sozusagen der Goliath unter den Märkten. Er ist nicht nur ein Markt, sondern umfasst eine Vielzahl von Märkten, für Währungen wie den US-Dollar oder den Euro, für Staatsanleihen wie die deutschen Bundesanleihen oder die amerikanischen Treasuries, für Unternehmensanleihen, Aktien etc. Im Jahr 2020 betrug allein der Wert der weltweit an Börsen gehandelten Aktien 105 Billionen US-Dollar und damit 20 Billionen Dollar mehr als das weltweite Bruttoinlandsprodukt. Der Markt für Anleihen ist noch größer.

Wie wirkmächtig der Finanzmarkt ist, konnte man gut beobachten, als er nicht funktionierte – während der Finanzkrise 2008/2009. Als in den USA die Immobilienblase platzte, konnten viele Immobilienbesitzer ihre Kredite nicht mehr bedienen. Vermutlich hätte die US-Regierung damals anders reagiert, als die Investmentbank Lehman Brothers sie um Unterstützung anfragte, wenn sie gewusst hätte, was noch folgen würde. Als es aus

Washington keine Unterstützung gab, meldete Lehman Brothers am 15. September 2008 Insolvenz an. Der Finanzmarkt war in heller Aufregung. Da keiner genau wusste, welche Bank welche Geschäfte mit Lehman Brothers eingegangen war, und wie stark die anderen Banken von Kreditausfällen betroffen waren, wollte keiner mehr Geld bei Banken anlegen. Im Gegenteil, Anleger zogen ihr Geld ab, und in Großbritannien kam es zu einem „bank run". Die Krise schwappte aus der Finanzwelt in die Realwirtschaft über, und es kam zum ersten Mal seit dem Zweiten Weltkrieg zu einem Rückgang des weltweiten Bruttoinlandsprodukts – einer Weltwirtschaftskrise. Folge dieser Krise war eine Eurokrise in Europa, da die Staaten ihren Banken beisprangen und dafür und zur Bekämpfung des Wirtschaftsabschwungs neue Schulden machten. Viele Anleger bezweifelten, ob sie diese noch zurückzahlen können würden.

Nun ist die Finanzkrise vorbei, und die Finanzmärkte übernehmen wieder ihre gewohnte Aufgabe: die Finanzierung von Unternehmen und Staaten und die Kreditvergabe an Haushalte. Da Investitionen häufig über den Kapitalmarkt etwa in Form von Unternehmensanleihen finanziert werden und die Energiewende viele Investitionen benötigt, verwundert es nicht, dass sich viele Gedanken darüber machen, wie man die geballte Kraft der Finanzmärkte nutzen könnte, um die Energiewende voranzutreiben. Unter dem Schlagwort Green Finance überlegen EU-Kommission, Zentralbanken und viele andere, wie das Finanzsystem Klimarisiken besser berücksichtigen könnte und wie der Markt für nachhaltige Finanzanlagen ausgebaut werden könnte. Denn viele möchten ihr Geld nachhaltig anlegen. Aber was sind nachhaltige Anlagen?

Die EU-Kommission hat sich vorgenommen, dies genauer zu definieren. Unter dem Begriff der EU-Taxonomie legt sie Kriterien dafür fest, ob eine Investition nachhaltig ist oder nicht.

Diese Taxonomie sollen auch Unternehmen in ihren Nachhaltigkeitsberichten verwenden. In der Öffentlichkeit bekannt geworden ist diese Vorgehensweise im Zusammenhang mit der Entscheidung der EU, Investitionen in Kernkraftwerke und Gaskraftwerke unter bestimmten Bedingungen als nachhaltig zu bezeichnen. Bei Kernkraftwerken ist die Auflage, dass ein Plan und die nötigen Mittel für die Entsorgung des Atommülls vorhanden sein müssen. Investitionen in Gaskraftwerke sind dann nachhaltig im Sinne der Taxonomie, wenn sie bis 2030 getätigt werden, schmutzigere Kraftwerke ersetzen und spätestens ab 2035 auch mit klimafreundlichen Gasen – z. B. mit Wasserstoff aus erneuerbaren Energien – betrieben werden können.

Man kann sich lange den Kopf darüber zerbrechen, ob Kernenergie, deren hochradioaktive Abfälle Hunderttausende von Jahren gelagert werden müssen, wirklich nachhaltig ist. Oder ob Gasenergie, die es nach 2050 nicht mehr geben soll, in ihrer Funktion als Brückentechnologie tatsächlich eine Aufnahme in die Taxonomie verdient. Doch gibt es noch weitere Probleme grundlegender Art.

Zunächst ist da das Problem, dass die Taxonomie einen Zusammenhang zwischen Finanzierung und Investition herstellt, den es eigentlich so nicht gibt. Wenn ein Unternehmen einen grünen Bond auflegt, um umweltfreundliche Projekte zu finanzieren, dann kann es andere Einnahmen, die es hat, leichter dazu verwenden, schmutzigere Projekte zu finanzieren. Ein gutes Beispiel dafür liefert die Bundesregierung: Im September 2020 wurden erstmalig grüne Staatsanleihen im Volumen von 6,5 Mrd. Euro ausgegeben. Mit dem Geld wollte die Regierung die energetische Gebäudesanierung, die E-Auto-Kaufprämie und den öffentlichen Nahverkehr finanzieren. Dazu wurde in den Ministerien nachgefragt, welche nachhaltigen Ausgaben denn ohnehin anstünden, und diese wurden dann für die grüne

Staatsanleihe gegengerechnet. Durch den grünen Bond entstanden keine neuen Projekte. Und das ist genau der Punkt: Der Ausgabe sieht man es nicht an, ob die Finanzierung über Steuern, Schulden oder eine grüne Staatsanleihe erfolgt. Am Ende kommt sie aus dem Staatshaushalt. Und bei Unternehmen kommt jede Ausgabe am Ende aus der Unternehmensfinanzierung, sei es durch einbehaltene Gewinne, Bankkredite, oder durch die Ausgabe von grünen oder anderen Unternehmensanleihen.

Außerdem stellt sich die Frage, wie wirksam solche Anlagestrategien sind, wenn der Kapitalmarkt doch ein globaler Markt ist, und sich nur einige Anleger für grüne Anlagen entscheiden. Andere Anleger können ja einfach in die Lücke springen, die die grünen Anleger hinterlassen. Ein Betreiber von Kohlekraftwerken bekommt dann Geld von nicht-grünen Anlegern und ein Betreiber von Erneuerbare-Energien-Anlagen von grünen Anlegern. Ändert sich am Ende also nichts? Doch, wenn sich genügend grüne Anleger finden. Studien zeigen, dass, wenn sich etwa 20 Prozent der Anleger für grüne Anlagen entscheiden, dies schon Wirkung zeigt. Ein Betreiber von Erneuerbare-Energien-Anlagen würde dann relativ günstigere Konditionen bekommen als ein Betreiber von Kohlekraftwerken. Man hat dies anhand von „Sünden-Aktien“ (Sin Stocks) festgestellt: Unternehmen für Alkohol, Tabak und Glücksspiel haben bereits heute höhere Kapitalkosten, ihre Aktien werden also mit einem Abschlag gehandelt.

Eine Anlage beeinflusst nicht nur die Finanzierungskonditionen, sondern erlaubt dem Anleger auch, sich zum Beispiel auf der Hauptversammlung für eine nachhaltige Unternehmensstrategie einzusetzen. Ein Investor, der nicht nur die Anlagen im Depot halten, sondern sich aktiv einbringen will, würde sich aber vermutlich eher an schmutzigeren Unternehmen beteiligen, um sich dann dort für nachhaltige Projekte einzusetzen – saubere Unternehmen machen das ja bereits selbst.

Über dem Ganzen hängt nun die Taxonomie der EU, die entscheidet, was gut und was schlecht ist. Es gibt sogar Überlegungen, diese Taxonomie um Sozialkriterien wie Umwelt- und Arbeitsschutz, Achtung der Menschenrechte, Förderung von Diversität und Work-Life-Balance, Antikorruptionsregeln etc. zu erweitern. Teilweise gehen die Unternehmen in ihren Nachhaltigkeitsberichten, die sie regelmäßig erstellen, bereits auf diese Themen ein.

Die EU-Taxonomie ist zwar ein dynamisches Dokument, das regelmäßig angepasst werden soll. Doch ist dies mit einem langwierigen und komplizierten Prozess verbunden, der dazu führt, dass neue Gegebenheiten nicht zeitnah Berücksichtigung finden. Bei Änderungsvorschlägen haben das Europäische Parlament und der Rat bis zu sechs Monate Zeit, um Einwände zu erheben. Dann können sie den Rechtsakt im Falle des Parlaments mit Mehrheit bzw. im Falle des Rats mit verstärkter qualifizierter Mehrheit ablehnen. Die verstärkte qualifizierte Mehrheit ist erfüllt, wenn mindestens 72 Prozent der Mitgliedsstaaten, die mindestens 65 Prozent der Bevölkerung der EU vertreten, zustimmen.

Insgesamt stellt sich die Frage, ob diese Klassifizierung bei der EU am besten aufgehoben ist, oder man diese Taxonomie nicht besser den Märkten überlassen sollte? Das Pendant dazu in den Finanzmärkten sind die Ratingagenturen. Wenn man Unternehmen Geld leiht, möchte man wissen, wie solide sie aufgestellt sind und wie hoch die Wahrscheinlichkeit ist, dass man sein Geld auch zurückbekommt. Diese Beurteilung erfolgt durch Ratingagenturen. Unternehmen beauftragen häufig mehrere dieser Agenturen damit, ein Rating zu erstellen, das Auskunft über die Bonität gibt. Die beste Bewertung ist ein AAA, auch Triple-A-Rating genannt. Anleger schauen sich diese Ratings an und berücksichtigen sie bei ihrer Anlageentscheidung. Zwar hat die

Finanzkrise gezeigt, dass auch diese Ratings an ihre Grenzen stoßen. Die Agenturen hatten viele der damals gehandelten hypothekengedeckten Wertpapiere mit guten Noten bewertet, die in der Krise dann doch ausfielen. Es wurden jedoch entsprechende Lehren gezogen, und heute sind die Ratingagenturen nicht mehr aus den Märkten wegzudenken. Zwischen ihnen findet ein Ringen um die besten Methoden, die aktuellsten Kriterien und die genauesten Bonitätsschätzungen statt. Und genau das benötigen wir auch in der Taxonomie. Sie sollte nicht in Stein gemeißelt sein, sondern sich stetig weiterentwickeln, offen für Innovationen und in der Bewertung differenziert sein. Gibt es nur nachhaltige oder nicht nachhaltige Investitionen, oder können nicht auch Investitionen unterhalb eines AAA-Standards ein Schritt in die richtige Richtung sein? Klimaratings durch private Ratingagenturen sind keine reine Fiktion. Es gibt bereits sogenannte ESG-Ratings, die von Agenturen vergeben werden. ESG steht für Environmental, Social and Corporate Governance. Viele Unternehmen erstellen regelmäßig ESG-Berichte, die ihre Tätigkeiten in den Feldern Umwelt, Soziales und Unternehmensführung abdecken. Noch sind die dazu gehörenden Ratings allerdings sehr unterschiedlich im Umfang und den Messmethoden. Eine Fokussierung der Ratings auf den „E“-Aspekt, also die Umwelt- und klimapolitischen Maßnahmen der Unternehmen, würde es den Ratingagenturen leichter machen, Standards zu entwickeln, da die Bandbreite der abzudeckenden Faktoren geringer ist.

Die Diskussion um die Taxonomie legt das Dilemma der klimapolitischen Maßnahmen offen: Wie viel staatliche Planung und Eingriff sind nötig, wie viel Markt und Wettbewerb sind möglich? Im vorherigen Abschnitt haben wir gesehen, dass Wettbewerb häufig das Instrument der Wahl ist, um Nachhaltigkeitsziele zu erreichen. Aber was, wenn dies nicht ausreicht, oder wenn Wettbewerb sogar hinderlich ist? In den Fällen kann es

Sinn machen, den Wettbewerb einzuschränken. Aber nur dann. Und wenn Unternehmen nachhaltige Bonds auflegen oder in ihren Jahresberichten nachweisen, inwiefern sie nachhaltig agieren – bedarf es da der öffentlichen Hand, die ihnen vorschreibt, was genau nachhaltig ist? Oder genügt es, Unternehmen zu einem solchen Nachweis zu verpflichten, und ihnen dann die Art und Weise selbst zu überlassen? Das Verhältnismäßigkeitsprinzip besagt, dass bei einer politischen Maßnahme, die in Grundrechte eingreift, geprüft werden muss, ob diese zur Erreichung des politischen Ziels geeignet, erforderlich und verhältnismäßig ist. So ist das auch in der sozial-ökologischen Marktwirtschaft: Eingriffe für Klimaziele sollten sich dahingehend prüfen lassen, ob sie das Ziel, die Emissionsminderung, erreichen, und ob es nicht bessere Instrumente gibt, die dieses Ziel mit geringeren Auswirkungen auf die Marktwirtschaft erreichen.

5. Empfehlungen für die Klimapolitik und ihre Ordnung

Klimapolitik besteht aus vielen Maßnahmen, die ineinandergreifen, und über deren Auswirkungen man erst Aussagen treffen kann, wenn man das Gesamtbild betrachtet. Wie Puzzleteile bilden diese Maßnahmen nur einen kleinen Ausschnitt ab. Wenn man sie falsch aneinanderlegt, ergeben sie wenig Sinn, aber bei der richtigen Kombination ergeben sie ein stimmiges Ganzes.

Die Klimapolitik wird zulegen müssen, um das Ziel der Klimaneutralität in Europa bis 2050 und in Deutschland bis 2045 zu erreichen. Dies wird mit Belastungen der Bevölkerung einhergehen, man denke nur an die steigenden Preise für Benzin, Erdgas und Erdöl, und mit Verschiebungen in der Wirtschaft, etwa weg vom Verbrennungs- und hin zum Elektromotor sowie die Elektrifizierung der Produktion. Umso wichtiger ist es, wie bereits in der Einleitung angemerkt, das Puzzle richtig zusammenzulegen, um Widersprüche und Ineffizienz zu vermeiden und die einzelnen Maßnahmen zu einem konsistenten Ganzen zusammenzuführen. Das ist nicht immer einfach, da es um regionale, nationale, europäische und hoffentlich auch bald um weltweite Instrumente geht.

Im Hintergrund sind dabei Märkte aktiv, die häufig hilfreich sind, manchmal nicht ausreichend, aber in jedem Fall bei der Zusammensetzung der Instrumente berücksichtigt werden müssen. Da die Aufgabe, die Begrenzung des Klimawandels, einen so fundamentalen Charakter hat, wird es entscheidend sein, die Märkte richtig zu gestalten – das richtige Marktdesign zu wählen

– und darüber hinausgehende Eingriffe so zielführend wie möglich vorzunehmen. Ein neues Zusammenspiel zwischen Markt und Staat ist notwendig.

Auf dem Weg zu einer sozial-ökologischen Marktwirtschaft

Die Bundesregierung hat sich vorgenommen, das deutsche Wirtschaftsmodell der sozialen Marktwirtschaft zu einer sozial-ökologischen Marktwirtschaft weiterzuentwickeln. Ökologisch ist dabei nicht nur ein weiteres Attribut: „Sozial" und „ökologisch" wirken fundamental anders auf die Marktwirtschaft ein. Doch beginnen wir zunächst mit dem Begriff „Marktwirtschaft".

Ludwig Erhard wird das Zitat zugeschrieben: „Ich meine, dass der Markt an sich sozial ist, nicht dass er sozial gemacht werden muss." Damit lag er nicht falsch. Wohlstand, der mit Wirtschaftswachstum einhergeht, das durch die Marktwirtschaft befördert wird, und die Wahlfreiheit, die der Wettbewerb mit sich bringt, sind inhärent soziale Beiträge. Die Wirkmacht von Wirtschaftswachstum wird dabei häufig unterschätzt. Dabei hat gerade die Coronapandemie gezeigt, wie gewaltig exponentielles Wachstum sein kann, und Wirtschaftswachstum ist exponentiell. Bundeskanzlerin Angela Merkel erklärte Ende September 2020, vor Beginn der zweiten Welle der Coronapandemie, eindrücklich, was exponentielles Wachstum bedeutet: „Wir hatten Ende Juni […] an manchen Tagen 300 neue Infektionen. Und wir haben jetzt an manchen Tagen 2.000 Infektionen. Und das heißt nichts anderes, als dass sich über Juli, August, September, in drei Monaten, die Infektionszahlen dreimal verdoppelt haben. Wenn das in den nächsten drei Monaten, Oktober, November, Dezember, weiter so wäre, dann würden wir von 2.400 auf 4.800, auf

9.600, auf 19.200 kommen." Und so kam es dann auch: Die Zahl von 20.000 Neuinfektionen pro Tag wurde bereits Mitte November überschritten.

Diese Wucht des exponentiellen Wachstums wird auch deutlich in der Geschichte vom Schachbrett und den Reiskörnern, die der Erfinder des Schachspiels vom damaligen indischen Herrscher als Lohn für seine Erfindung erbeten haben soll. Auf das erste Feld kam ein Reiskorn, auf das zweite kamen zwei Reiskörner, auf das dritte vier, dann acht usw., die Anzahl verdoppelte sich jeweils. Schnell wurde klar, dass die benötigte Anzahl um ein Vielfaches größer war als die Menge aller Reiskörner auf der Welt. Auf Feld elf wären es 1024 Reiskörner gewesen (2 hoch 10), auf Feld 21 mehr als 500.000 (2 hoch 20), auf Feld 31 mehr als eine Milliarde (2 hoch 30) und auf Feld 41 mehr als eine Billiarde (2 hoch 40). Ein Schachbrett hat bekanntlich 64 Felder. In der Geschichte zog sich der Herrscher aus der Verlegenheit, indem er den Erfinder des Schachbretts den Reis Korn für Korn zählen ließ.

Exponentielles Wachstum gewann jedoch nicht nur während der Coronapandemie an Brisanz. Auch die Digitalisierung, wie wir sie heute sehen, wäre nicht möglich gewesen ohne das exponentielle Wachstum der digitalen Leistungsfähigkeit: Das sogenannte mooresche Gesetz beschreibt das Phänomen, dass sich die Anzahl der Transistoren auf einem Computerchip seit 1970 etwa alle zwei Jahre verdoppelte. Die gewaltige Rechenkraft, die uns heute zur Verfügung steht, hat Anwendungen wie Big Data und Künstliche Intelligenz im großen Maßstab erst möglich gemacht.

Jeder Prozess, der eine konstante Wachstumsrate aufweist, wächst exponentiell. Und die Wirtschaft ist ein solcher Prozess, wenn sie mit einer konstanten Rate wächst. So ist die chinesische Wirtschaft in den vergangenen Jahrzehnten mit einer Rate von mehr als zehn Prozent pro Jahr gewachsen. Das Bruttoinlandsprodukt (BIP), vereinfacht gesagt die Wirtschaftskraft, hat sich in China bei diesem Wachstumstempo alle sieben Jahre verdoppelt. Betrug im Jahr 1990 das BIP in China rund ein Achtzehntel des europäischen BIPs, ist es heute genauso groß. Dank dieses Wirtschaftswachstums konnten viele Menschen in China der Armut entkommen – laut einer Studie der Weltbank gelang dies seit 1978 mehr als 800 Millionen Menschen. Das von der UN im Jahr 2000 ausgegebene Millenniumsziel, die Zahl der Menschen, die von weniger als 1,25 US-Dollar am Tag leben müssen, bis 2015 zu halbieren, wurde bereits 2011 erreicht – in weiten Teilen ist dies auf das Wirtschaftswachstum in China zurückzuführen. Mittlerweile sind die chinesischen Wachstumsraten auf etwa fünf bis sechs Prozent pro Jahr gesunken, sodass eine weitere Verdopplung des chinesischen BIPs in zwölf bis 15 Jahren zu erwarten ist.

Hinter dem Wirtschaftswachstum steckt das Produktivitätswachstum. Unter Produktivität versteht man, wie viel Menschen und Maschinen in einer Volkswirtschaft produzieren. Langfristig macht die Höhe dieses Produktivitätswachstums den Unterschied, wie der Fall China eindrücklich zeigt. Der US-amerikanische Wirtschaftsnobelpreisträger Paul Krugman sagte einst: „Produktivität ist nicht alles, aber auf lange Sicht ist sie fast alles." Die Marktwirtschaft, mit dem „Wettbewerb als Entdeckungsverfahren", wie es der österreichische Wirtschaftswissenschaftler und Nobelpreisträger Friedrich August von Hayek bezeichnet hat, trägt mit ihren Entdeckungen dazu bei, dass die Produktivität weiter steigt.

Dieses Wachstum ist auch für die Klimapolitik wichtig – so sieht es zumindest der Weltklimarat IPCC in seinem sechsten Sachstandsbericht. Dort stellt er fest, dass die Klimaschutzmaßnahmen, die notwendig sind, um einen Temperaturanstieg unter zwei Grad zu halten, im Optimalfall im Vergleich zu den derzeit geplanten Maßnahmen zu einer jährlichen Reduktion des Wachstums um 0,04 bis 0,09 Prozentpunkte führt. In dem Fall wäre 2050 das globale Bruttoinlandsprodukt um 1,3 bis 2,7 Prozent niedriger. Eine verzögerte Klimapolitik oder ineffiziente Instrumente würden zu einer stärkeren Reduktion führen. Da aber in diesen dreißig Jahren sich die Wirtschaftsleistung gemäß der Simulationen mehr als verdoppelt, also das globale Bruttoinlandsprodukt um mehr als 100 Prozent ansteigt, sind diese Kosten überschaubar.

Auch wenn die Marktwirtschaft und das damit einhergehende Wirtschaftswachstum einen sozialen Beitrag liefern, stellt die Sozialpolitik ein eigenständiges Politikfeld dar. Sie setzt an den Ergebnissen des wirtschaftlichen Handelns – Löhnen und Einkommen – an. Die Beiträge zu den Sozialversicherungen wie der Renten-, Arbeitslosen- und Krankenversicherung werden von den Löhnen und Gehältern abgezogen. Und während die Bruttolohnverteilung in Deutschland eine der ungleichsten in Europa ist, zählt Deutschland hinsichtlich der Nettolohnverteilung, also die Lohnverteilung nach Steuern, Sozialbeiträgen und zuzüglich monetärer Transfers, zur Gruppe mit unterdurchschnittlicher Ungleichheit in Europa.

In vielen Bereichen ist die Marktwirtschaft auch bereits „nachhaltig“, in dem Sinne, dass nicht nur auf den kurzen Erfolg geschaut wird, sondern dass auf ein langfristiges erfolgreiches Bestehen im Markt hingearbeitet wird. Das zeigt sich besonders in Deutschland mit seinen vielen Familienunternehmen mit meist langer Tradition. Von den 40 Dax-Konzernen sind sogar über 20 älter als 100 Jahre. Doch insbesondere dann, wenn Nachhaltigkeitsaspekte wie etwa die Vermeidung von Umweltschäden nicht im Kalkül der Unternehmen sind – man spricht dann von externen Effekten –, springt die Marktwirtschaft zu kurz, um diese in den Griff zu bekommen. Der Ausstoß von klimaschädlichen Gasen ist nur das prominenteste Beispiel dafür. Bei diesen externen Effekten ist es meist nicht damit getan, wie in der Sozialpolitik, an den Marktergebnissen anzusetzen. Stattdessen stehen die Produktionsprozesse und -technologien im Fokus. Die Produktion muss sich umstellen, damit nachhaltig gewirtschaftet wird.

Deshalb kann es nicht darum gehen, Marktergebnisse im Nachhinein zu korrigieren, sondern das Ökologische muss essenzieller Bestandteil der Marktwirtschaft werden. Aus diesem Grund ist der CO_2-Preis, wie er sich etwa aus dem EU-ETS ergibt, so wesentlich, da dieses Instrument sicherstellt, dass die klimapolitischen Bedingungen in allen Stufen der Wertschöpfungsketten erfüllt werden. Insgesamt war die Marktwirtschaft – noch ohne das Label „ökologisch" – darin erfolgreich. Die folgende Abbildung zeigt das Wachstum der Wirtschaft in der EU-27 seit 1990. In den gut 30 Jahren bis heute ist die Wirtschaftsleistung in den 27 Ländern um über 60 Prozent gestiegen. Gleichzeitig gingen die CO_2-Emissionen in diesen Ländern um über 20 Prozent zurück. Dies gilt sowohl für die produktionsbasierten CO_2-Emissionen, also die Emissionen, die direkt in den Ländern anfallen, als auch die konsumbasierten CO_2-Emissionen. Dazu zählen auch die Emissionen, die bei der Produktion von Gütern entstehen, die importiert werden und in Europa konsumiert werden. Entsprechend werden die Emissionen der Güter, die exportiert werden, bei diesen konsumbasierten CO_2-Emissionen nicht berücksichtigt, da diese in Drittstaaten konsumiert werden. Die Entkoppelung von Wachstum und Emissionen hat offensichtlich begonnen. Es geht uns heute besser als vor 30 Jahren, und das bei weniger Emissionen. Die sozial-ökologische Marktwirtschaft, bei der das Ökologische der Schlüssel zum wirtschaftlichen Erfolg in den Märkten ist, ist im Entstehen.

Veränderung des Bruttoinlandsprodukts und der CO_2-Emissionen in der EU-27 (jeweils normiert auf 1990)*

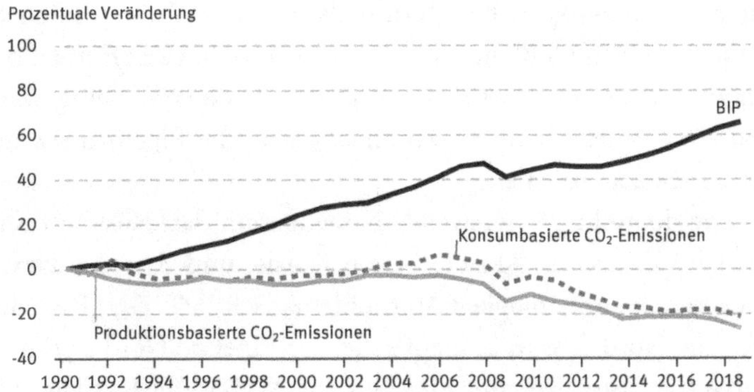

Quellen: Hannah Ritchie/Max Roser/Pablo Rosado, CO_2 and Greenhouse Gas Emissions, in: Our World in Data, 2020, https://ourworldindata.org/co2-and-other-greenhouse-gas-emissions; The World Bank, Open Data, GDP (constant 2015 US$) – European Union, https://data.worldbank.org/indicator/NY.GDP.MKTP.KD?locations=EU (Abruf am 12.05.2022)
** Das Bruttoinlandsprodukt (BIP) ist inflationsbereinigt.*

Krieg in der Ukraine: Hohe Energiepreise als New Normal

Nach dem Einmarsch Russlands in die Ukraine im Februar 2022 wurde schnell klar, dass dieser Krieg Konsequenzen für die Energiewende in Europa haben würde. Vor allem das Thema des Zugangs zu Ressourcen rückte auf der Agenda der politisch Verantwortlichen nach ganz oben. Deutschland bezog zu Kriegsbeginn mehr als 50 Prozent seines Erdgases und seiner Steinkohle aus Russland, in geringerem Maße auch Erdöl. Bei Gas ist die Abhängigkeit besonders groß, da es nicht einfach durch Gas aus anderen Weltregionen ersetzt werden kann. Das Problem ist der Transport. Gas, das hauptsächlich über Pipelines zu uns kommt, kann zwar auch als Flüssiggas (Liquified Natural Gas – LNG) über Schiffe nach Europa transportiert werden. Doch gibt es dafür in Deutschland nicht die nötige Infrastruktur und die europäischen Terminals, wie etwa in den Niederlanden, reichen nicht aus, um die Nachfrage in ganz Europa bei einem Wegfall des russischen Gases zu bedienen. Nötig wäre also ein eigenes Terminal, das an das deutsche Pipelinenetz angebunden sein müsste.

Die deutsche Energiewende baute darauf, dass Russland verlässlich Öl, Gas und Kohle liefern würde, und dass die daraus entstehende Abhängigkeit unproblematisch sei. Der Bau der Pipeline Nord Stream 2, die parallel zur Pipeline Nord Stream 1 durch die Ostsee verläuft und Gas von Wyborg in Russland bis nach Lubmin in Mecklenburg-Vorpommern transportieren sollte, war Ausdruck dieser Maxime. Viele europäische Staaten und die USA waren gegen den Bau dieser Pipeline, da er ihrer Ansicht nach die Abhängigkeit Europas von Russland erhöhen und die Ukraine destabilisieren würde. Russisches Gas gelangt ansonsten durch die Ukraine nach Europa, und die Kritiker befürchteten, Russland könnte mit Nord Stream 2 den Weg durch die Ukraine umgehen und die Zahlung von Transitgebühren an das Land vermeiden.

US-Präsident Joe Biden warnte bereits als Vizepräsident unter Barack Obama im August 2016 vor dem „für Europa sehr schlechten Deal“. US-Präsident Donald Trump verhängte 2019 sogar Sanktionen gegen Firmen, die am Bau der Pipeline beteiligt waren: Deren Besitzer erhielten Einreiseverbote in die USA, und ihre Vermögen wurden eingefroren. Das für die Verlegung von Rohren zuständige Unternehmen Allseas zog sich daraufhin aus dem Pipelineprojekt zurück. Dennoch verfolgte die damalige Bundesregierung das Projekt weiter und argumentierte, es handle sich dabei um ein „privatwirtschaftliches Vorhaben“. Zwei

Tage vor dem russischen Einmarsch in die Ukraine beschloss die gerade ins Amt gekommene Bundesregierung schließlich, das Genehmigungsverfahren für Nord Stream 2 vorerst zu stoppen.

Seither bemüht sie sich darum, Deutschland aus der Energieabhängigkeit von Russland zu lösen. So sollen in Brunsbüttel und Wilhelmshaven LNG-Terminals gebaut werden, an deren Finanzierung sich der Bund beteiligt. Obwohl die Planungs- und Bewilligungsprozesse für diese Terminals beschleunigt werden sollen, wird es wohl mindestens drei Jahre dauern, bis sie einsatzfähig sind. Zunächst sollen deshalb schwimmende LNG-Terminals eingesetzt werden. Bundeswirtschaftsminister Robert Habeck vereinbarte außerdem eine Energiepartnerschaft mit Katar, einem der größten Exporteure von Flüssiggas. Das Ziel des Koalitionsvertrags, den Kohleausstieg „idealerweise" bis 2030 zu vollziehen, wurde zwar (noch) nicht aufgegeben, doch wird dieser Termin kaum zu halten sein. Es ist vielmehr mit einer Aufwertung der Kohle zu rechnen, und auch der Ausstieg aus der Kernenergie wird infrage gestellt.

Durch den Krieg wurde die Versorgung mit Öl, Gas und Kohle zu einem sicherheitspolitischen Thema und erlangte eine neue Priorität. Dies beeinflusst auch die Energiewende und wird dazu führen, dass sich der Ausbau der erneuerbaren Energien weiter beschleunigen wird, um mehr Unabhängigkeit von Drittstaaten zu erreichen. Das Ausbauprogramm der Bundesregierung war bereits vor der Krise sehr ambitioniert: Die Leistung von Windkraftanlagen an Land soll bis 2030 verdoppelt, die von Photovoltaik gar verdreifacht werden. Die Unterstützung in der Bevölkerung für diesen Ausbau ist durch den Krieg sicher gestiegen.

Die Bundesregierung hat in ihrem Koalitionsvertrag die Errichtung moderner Gaskraftwerke vereinbart, die auch auf das Verbrennen von Wasserstoff umgestellt werden können (H2-ready-

Gaskraftwerke). Damit soll sichergestellt werden, dass genügend Strom erzeugt wird, wenn der Wind nicht weht und die Sonne nicht scheint. Dafür muss aber genügend Gas vorhanden sein. Eine solche einseitige technologische Ausrichtung war bereits vor dem Krieg problematisch. Versorgungssicherheit muss breiter gedacht werden. Speicher, oder große Nachfrager, die in Zeiten von Stromknappheit ihren Verbrauch herunterfahren können, können ebenso zur Versorgungssicherheit beitragen wie Kohlekraftwerke. Damit dies klimafreundlich erfolgt, müssten sie die entstehenden Emissionen einfangen und lagern. Weniger Gas aus Russland bedeutet in jedem Fall, dass die Energiewende teurer wird.

Hohe Energiepreise sind der Schlüssel zu einer marktwirtschaftlichen Energiewende. Schon im Jahr 1998 beschloss die Partei Bündnis 90/Die Grünen, in ihr Wahlprogramm die Forderung aufzunehmen, den Benzinpreis innerhalb von zehn Jahren auf fünf DM zu erhöhen. Mit Preisen von mehr als zwei Euro ist es heute fast so weit, wenn auch nicht aus klimapolitischen Gründen. Nicht nur Benzin und Diesel, auch Heizöl und Heizgas sind viel teurer geworden, und ein Ende der hohen Preise ist nicht in Sicht. Dies trifft alle Haushalte unmittelbar. Dass sie sozial abgefedert werden müssen, darauf gehen wir später ein. Zunächst soll es darum gehen, wie sich diese Preise auf die Energiewende auswirken. Ähnlich wie in der Coronapandemie, als wir uns daran gewöhnt haben, vermehrt Homeoffice, Videokonferenzen und Bestelldienste zu nutzen, werden wir lernen, mit hohen Energiepreisen zu leben, und uns darauf einstellen, indem wir öfter das Fahrrad oder die Straßenbahn nutzen und die Heizung herunterdrehen. Die Bundesregierung unterstützt diese Verhaltensänderungen durch ihr Energieentlastungspaket vom März 2022, das vorsieht, 90 Tage lang Monatstickets im ÖPNV für nur neun Euro anzubieten. Auch dies mag zu diesem neuen

Gewöhnungseffekt beitragen Die hohen Energiepreise können also der Energiewende helfen, weil Haushalte und Unternehmen lernen, damit umzugehen. Das ist der positive Effekt.

Negativ könnte sein, dass gerade die hohen Energiepreise Menschen davon abhalten, sich für die Energiewende einzusetzen, weil diese unweigerlich auch zu höheren Energiepreisen führen wird. Bisher war dies eher eine abstrakte Vorstellung – die Emissionszertifikate waren lange Zeit sehr günstig und der CO_2-Preis niedrig. Doch jetzt sind die Konsequenzen zu spüren: Die Heizkosten steigen, und Autofahren ist so teuer wie lange nicht mehr.

Aufgabe der Bundesregierung wird es sein, einerseits den Unmut der Bevölkerung zu dämpfen, andererseits aber die Energiewende nicht zu gefährden. Maßnahmen wie Einmalzahlungen an die Bürger oder befristete Senkungen der Energiesteuer bei Benzin und Diesel mögen populär sein und kurzfristig die Stimmung verbessern, sie können aber nicht darüber hinwegtäuschen, dass steigende Energiepreise unvermeidlich und klimapolitisch gewollt sind.

Europa auf dem Fahrersitz

Kommen wir zu den Akteuren der Energiewende. Ganz wesentlich sind dabei die EU und ihre Gremien. Und zwar deshalb, weil zwei der dafür extrem wichtigen Politikfelder europäisch sind. Da ist zum einen die Außenwirtschaft. Diesen Teil der Außenpolitik verantwortet die EU-Kommission – sie verhandelt internationale Handelsabkommen. Da der Klimawandel ein weltweites Phänomen ist, und Klimaschutz weltweit betrieben werden muss, ist dieser Politikbereich gefordert. Wenn am Ende nur Europa klimaneutral ist, und der Rest der Welt nicht, werden unsere Unternehmen, zum Beispiel aus der Stahlbranche, entweder aus dem Markt ausgetreten oder in den Rest der Welt abgewandert sein. Das gilt es zu vermeiden. Der zweite Politikbereich, den die EU verantwortet, ist die Pflege des europäischen Binnenmarkts. Und da Klimapolitik in den europäischen Märkten erfolgt, ist die Kommission auch hier gefragt. Doch wenden wir uns zunächst der globalen Perspektive zu.

Klimaklub, nicht Klimafestung

Der Klimawandel macht an Europas Grenzen nicht halt. Das 2015 in Paris beschlossene Ziel der Weltgemeinschaft, die globale Erwärmung auf zwei bzw. 1,5 Grad Celsius zu begrenzen, lässt sich nur erreichen, wenn alle relevanten Weltregionen mitmachen. Wie gelingt es, den weltweiten Klimawandel in den Griff zu bekommen? Doch treten wir zunächst ein Schritt zurück – wie gelingt es, zumindest zu vermeiden, dass sich schmutzige Produktion nicht aus Europa weg in andere Regionen der Welt verlagert?

Die Staats- und Regierungschefs der EU haben die Europäische Kommission bereits Ende 2020 aufgefordert, einen Vorschlag für ein „CO_2-Grenzausgleichssystem“ zu machen, um „eine Verlagerung von CO_2-Emissionen zu vermeiden“. Die Gefahr der Verlagerung entsteht, wenn Europa die Auflagen für Unternehmen in Bezug auf klimaschädliche Emissionen verschärft. Eine Reaktion der Unternehmen könnte sein, ihre Produktion ins Ausland zu verlagern, um die Auflagen zu umgehen. Sie könnten die Produktion auch ganz aufgeben, dann würden möglicherweise Unternehmen aus Drittstaaten die entsprechenden Produkte anbieten. In beiden Fällen würden zwar die CO_2-Emissionen in Europa reduziert, dafür aber in anderen Ländern erhöht, also insgesamt nur verlagert.

Dieses „Carbon Leakage" stellt eine reale Gefahr dar. Bislang bekommen solche Unternehmen, bei denen die Sorge der Produktionsverlagerung besteht, einen Teil der für sie notwendigen Zertifikate des EU-ETS kostenlos zugeteilt, damit sie in Europa bleiben. Die EU-Kommission überlegt, stattdessen oder möglicherweise auch nur ergänzend einen Klimaschutzzoll für importierte Waren einzuführen, deren Produktion mit hohen Emissionen einhergeht. Dann wäre es nicht mehr attraktiv, in Ländern außerhalb der EU schmutzig zu produzieren und die Ware dann nach Europa zu verschiffen. Damit die europäischen Unternehmen trotz hoher Umweltauflagen der EU im außereuropäischen Ausland wettbewerbsfähig bleiben, wird zudem überlegt, dass sie für Waren, die sie exportieren, eine Kompensation erhalten. Das wäre dann das geforderte CO_2-Grenzausgleichssystem: eine Belastung für schmutzige Importe und eine Entlastung für saubere Exporte.

Dies ist jedoch mit einigen Problemen verbunden. Bestimmte Verlagerungen kann man mit solchen Grenzzahlungen verhindern: Wenn europäischer Stahl wegen der Klimapolitik teurer wird, kann man ihn wettbewerbsfähig halten, indem für importierten Stahl aus Drittstaaten Zölle gezahlt werden müssen und auf der anderen Seite europäische Stahlproduzenten eine Entschädigung für die Klimakosten erhalten, wenn sie ihn außerhalb Europas verkaufen. Nicht vermeiden lässt sich damit aber die sogenannte indirekte Verlagerung. Das wird am Beispiel Öl deutlich: Wenn in Europa weniger Öl verbraucht wird, fällt der Weltmarktpreis, was dazu führt, dass in Drittstaaten mehr Öl verbraucht wird. Denn wenn die ölproduzierenden Länder weniger in Europa verkaufen können, werden sie versuchen, dies zumindest teilweise dadurch wettzumachen, dass sie mehr Öl an andere Länder verkaufen. Damit verlagern sich die CO_2-Emissionen, die in Europa eingespart werden, in Drittstaaten, die dann entsprechend mehr Öl verbrauchen und Emissionen erzeugen. Gegen diese indirekte Verlagerung hilft auch kein Grenzausgleich, man kann ihr nur begegnen, indem man möglichst viele Länder, idealerweise auch die erdölproduzierenden, in ein Klimaschutzabkommen einbindet.

Ein weiteres Problem ist, dass es sehr schwierig ist, die genaue Höhe der Klimaschutzzölle zu bestimmen: Wie viele Emissionen sind bei der Produktion eines Kotflügels entstanden? Wie viele beim Import von Lebensmitteln? Zudem könnte ein Drittstaat versuchen, diese Zahlungen zu vermeiden, indem er alle erneuerbaren Energien ausschließlich für den Sektor bereithält, der Waren nach Europa exportiert. Diese wären dann zwar sauber – allerdings auf Kosten der übrigen Produktion in dem Land. Zudem müsste geklärt werden, ob ein solcher Klimaschutzzoll mit den Regeln der Welthandelsorganisation (WTO) und internationalen Verträgen vereinbar wäre.

Doch selbst wenn es gelingen sollte, die technischen und juristischen Probleme zu lösen, wäre es nicht zielführend, wenn die Europäische Union diesen Grenzausgleich alleine einführen würde. Bei einer solchen Maßnahme, die das Zusammenspiel der EU mit anderen Weltregionen beeinflusst, stellt sich nämlich in besonderem Maße die Frage, was denn das eigentliche Ziel der europäischen Klimapolitik ist oder sein sollte. Wenn man nur das Ziel verfolgt, in der EU bis 2050 Klimaneutralität zu erreichen und die Unternehmen davon abzuhalten, abzuwandern, können Grenzabgaben helfen. Dem globalen Klima ist damit aber nicht geholfen, denn die EU ist nur für knapp 10 Prozent der weltweiten Emissionen verantwortlich.

Die folgende Abbildung zeigt, dass die weltweiten Emissionen nahezu ungebremst steigen. Verantwortlich dafür sind insbesondere asiatische Länder, allen voran China, während der Höhepunkt in Europa und den USA bereits überschritten wurde.

Das ist – nebenbei bemerkt – eine Erfolgsgeschichte: Die Wirtschaft in den USA, Kanada und Europa ist in den vergangenen 20 Jahren gewachsen, und gleichzeitig gingen die Emissionen zurück. Die Entkoppelung von Wirtschaftsleistung und Emissionen ist also – wie auch die letzte Abbildung gezeigt hat – in die Wege geleitet.

Jährliche CO_2-Emissionen nach Weltregionen

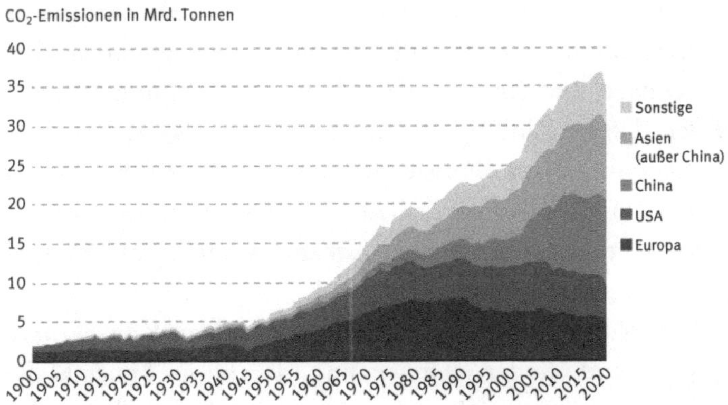

Quelle: Hannah Ritchie/Max Roser/Pablo Rosado, CO_2 and Greenhouse Gas Emissions, in: Our World in Data, 2020, https://ourworldindata.org/co2-and-other-greenhouse-gas-emissions (Abruf am 12.05.2022)

Ohne eine gemeinsame Anstrengung aller (oder zumindest der emissionsstärksten) Länder ist die Klimakrise nicht zu meistern. Wichtigstes Ziel der internationalen Klimapolitik muss deshalb sein, eine internationale Kooperation herbeizuführen. Die Frage ist also, ob ein europäisches CO_2-Grenzausgleichssystem zu einer solchen Kooperation beiträgt oder nicht.

Die vielversprechendste Form der Kooperation hat William Nordhaus vorgeschlagen, der für seine Forschung zur Ökonomie des Klimawandels 2018 den Nobelpreis erhalten hat. Er begann schon in den 1970er Jahren an der Yale University, sich mit Fragen der Umweltökonomie zu beschäftigen, und entwickelte eines der ersten Modelle zur ökonomischen Untersuchung der Folgen des Klimawandels. Dieses sogenannte DICE-Modell (Dynamic Integrated Climate-Economy Model) wurde von ihm und vielen weiteren Autoren in vielen Studien weiterentwickelt und verfeinert. Sein Vorschlag geht allerdings über ökonomische Modelle hinaus und ist politischer Natur: Er befürwortet die Gründung eines Klimaklubs. Dies würde bedeuten, dass sich mehrere Länder und Weltregionen auf ein gemeinsames Vorgehen einigen und einen einheitlichen CO_2-(Mindest-)Preis einführen. Dieser Klub sollte dann gegenüber Ländern, die keine Anstrengungen zur Emissionsreduktion vornehmen, Zölle erheben. Nordhaus versteht diese Zölle vor allem als Sanktionsinstrument und weniger als Instrument zur Vermeidung von Wettbewerbsnachteilen.

Ein solcher Klimaklub macht aber nur dann Sinn, wenn darin genügend Länder vertreten sind, die für ein hohes Maß an Emissionen verantwortlich sind. Europa allein wäre kein solcher Klub. Man braucht dafür aber auch nicht alle 195 Staaten der Welt, wie beim Pariser Klimaabkommen. Wenn es gelingen würde, zum Beispiel die USA, China und die EU für eine effektive Klimapolitik zusammenzubringen, dann wäre bereits viel erreicht. Denn diese drei großen Wirtschaftsräume erwirtschaften die Hälfte des Welt-Bruttoinlandsprodukts und sind auch für gut die Hälfte der weltweiten CO_2-Emissionen verantwortlich. Der Zeitpunkt könnte günstig sein: US-Präsident Joe Biden will bis 2050 in seinem Land Klimaneutralität erreichen, und in den USA wird auch über ein CO_2-Grenzausgleichssystem diskutiert. China hat zumindest in Aussicht gestellt, bis 2060 Klimaneutralität anzustreben.

Vermutlich wird es zunächst nicht gelingen, China für einen Klimaklub zu gewinnen, dafür sind die internationalen Spannungen zu groß und die wirtschaftlichen Interessen Chinas zumindest derzeit zu gegenläufig. Das Pro-Kopf-Einkommen beträgt in China nur ein Viertel des Durchschnitts der westlichen Länder – Klimapolitik auf Kosten des wirtschaftlichen Wachstums ist deshalb für China keine Option. Wenn es aber gelingt, Klimaschutz und Wirtschaftswachstum zu vereinbaren, indem Strom aus erneuerbaren Energien noch günstiger wird, und es gute und bezahlbare Alternativen zum Gas-, Kohle- und Öleinsatz in der Industrie gibt – etwa durch Wasserstoff, der mit Strom aus erneuerbaren Energien erzeugt wird –, dann wird Klimaschutz auch für China und andere Schwellen- und Entwicklungsländer attraktiv.

Zum jetzigen Zeitpunkt könnten zumindest die EU und die USA gemeinsam mit weiteren gleichgesinnten Partnern die Gründung eines solchen Klubs vorantreiben, der sich auf einen CO_2-Mindestpreis verständigt und ein CO_2-Grenzausgleichssystem gegenüber Nichtmitgliedern einführt. Gleichzeitig sollte in diesem Klub hart daran gearbeitet werden, dass die Technologien der Energiewende noch günstiger werden, damit diese auch in anderen Ländern der Welt eingesetzt werden können.

Bundeskanzler Olaf Scholz hat die Idee des Klimaklubs aufgegriffen und will sie vorantreiben. Er sagte Anfang 2022 auf dem Weltwirtschaftsforum: „Wir wollen nicht weniger als einen Paradigmenwechsel in der internationalen Klimapolitik: Indem wir nicht länger auf die Langsamsten und Unambitioniertesten warten, sondern mit gutem Beispiel vorangehen." Im Klimaklub sollen die unterschiedlichen nationalen Regelungen zum Klimaschutz vergleichbar gemacht werden, sodass ein gemeinsames Vorangehen möglich ist. Staaten, die im Klub mitmachen, sollen dadurch keine industriellen Nachteile haben. Und hier kommt der Grenzausgleich ins Spiel. Innerhalb des Klubs würde ohne einen Grenzausgleich gehandelt, aber Importe in den Klub von Staaten außerhalb des Klubs würden mit einer CO_2-Abgabe belegt werden. Es ist also sinnvoll, dass die EU-Kommission einen Vorschlag für ein Grenzausgleichssystem ausarbeitet und die damit verbundenen technischen und juristischen Fragen klärt. So kann eine Blaupause für den Klub entstehen.

Der aktuelle Vorschlag der EU-Kommission, dem die Finanzminister der EU-Staaten im März 2022 zugestimmt haben, sieht vor, dass Importe von Zement, Eisen und Stahl, Aluminium, Düngemitteln und Strom mit Abgaben belegt werden. In einer dreijährigen Übergangsphase sollen Unternehmen, die diese Produkte einführen, die damit verbundenen Emissionen zunächst nur melden. Erst dann wird das System scharfgestellt. Dass die Einnahmen daraus als sogenannte Eigenmittel zum Haushalt der EU beitragen, macht dies aus Sicht der EU-Kommission zusätzlich attraktiv. Darüber kommt der Klimaklub-Gedanke leider zu kurz – im dazugehörigen Dokument wird er zwar erwähnt, aber nicht zur Bedingung gemacht.

Ein CO_2-Grenzausgleichssystem kann helfen, dass Emissionen nicht in Drittstaaten verlagert werden. Insofern hilft es bei der Reduktion von CO_2-Emissionen, unserem ersten Bewertungskriterium. Es würde auch dazu beitragen, dass Unternehmen nicht ins Ausland gehen oder aus dem Markt gehen, und Arbeitsplätze in Europa erhalten bleiben. Das zweite Bewertungskriterium, die Energiewende besser zu bestehen, wäre demnach auch erfüllt. Allerdings greift hier das Oberziel – die *weltweite* Reduktion von Emissionen. Ein unilateraler Grenzausgleich würde die Erreichung dieses Ziels eher erschweren. Europa würde dadurch schmutzige Importe verhindern und sich abschotten. Die Klimafestung Europa wäre dann zwar sauberer, aber außerhalb der Festung würde weiter verschmutzt. Der Klimaklub sorgt dafür, dass viele Länder eingebunden sind und ambitionierte Klimapolitik betreiben. Durch den Klub entsteht, sobald er eine gewisse Größe und wirtschaftliche Macht hat, Druck auf die anderen Länder, sich ihm anzuschließen. Das Ziel des Klubs ist die Integration der Weltwirtschaft, nicht deren Ausschluss.

CO_2-Preis als Leitinstrument der Klimapolitik – auch im EU-ETS 2

Es gibt wohl kaum eine Erkenntnis, bei der die Ökonomen so einhellig einer Meinung sind wie beim CO_2-Preis als wichtigstem Instrument für die Klimapolitik. 2019 forderten mehr als 3.500 amerikanische Ökonomen einen solchen Preis. Ein Aufruf der Europäischen Vereinigung der Umweltökonomen zum selben Thema wurde von rund 1.800 Wissenschaftlern unterzeichnet.

Preise sind das Lenkungsinstrument der sozialen Marktwirtschaft. Und auch die CO_2-Preise steuern unser Verhalten – klimaschädliche Handlungen werden teurer, sauberere Handlungen relativ billiger – und bewirken, dass emissionsreduzierende Schritte effizient erfolgen, nämlich dort, wo sie bei gleicher Wirkung am günstigsten sind. Langfristig planbare CO_2-Preise bieten den Unternehmen die notwendigen Anreize, alte Technologien aufzugeben und in Innovationen zu investieren. Da die Wertschöpfungsstufen der modernen Wirtschaft so vielfältig sind, können regulative Eingriffe nicht dieselbe Wirkung entfalten wie die CO_2-Preise. Denn diese Preise setzen dort an, wo die Verschmutzung entsteht – durch alle Lieferketten hindurch, während regulative Eingriffe oder Verbote immer nur einzelne Phänomene herausgreifen.

Mit dem EU-ETS und dem deutschen Emissionshandel gibt es in Deutschland für alle Wirtschaftszweige mit Ausnahme der

Landwirtschaft CO_2-Preise. In Europa aber noch nicht. Dafür bräuchte es den zweiten europäischen Emissionshandel, den bereits erwähnten EU-ETS 2. Anfang 2022 lag der Preis für eine Tonne CO_2 im europäischen Zertifikatehandel bei etwa 80 Euro. Es ist gut möglich, dass dieser Preis weiter ansteigen wird. Bis 2030 hat die EU-Kommission die Anzahl der Zertifikate festgelegt, aber noch nicht darüber hinaus. Dies sollte jedoch möglichst frühzeitig erfolgen, damit die Unternehmen Planungssicherheit haben.

Die EU-Kommission möchte ab 2026 auch für die Sektoren Gebäude und Landverkehr ein europaweites Zertifikatesystem einführen, den EU-ETS 2. Der würde also für Benzin, Diesel, Heizöl und Heizgas gelten. Kaufen müssten die Zertifikate die Unternehmen, die die Brennstoffe in den Markt bringen. Es wird aber noch viel Überzeugungsarbeit innerhalb Europas notwendig sein, um dieses zweite System umzusetzen. Viele treibt die Sorge um, dass dadurch die Heiz- und Kraftstoffkosten zu stark ansteigen würden, was insbesondere für ärmere Haushalte ein Problem wäre. Sowohl der französische Präsident Emmanuel Macron, der seine Erfahrungen mit der Gelbwesten-Bewegung gemacht hat, als auch die Grünen und Sozialdemokraten im Europaparlament sehen diesen Vorschlag kritisch. Es werden Kompromissvorschläge diskutiert wie der, dass zunächst nur Unternehmen beim ETS 2 mitmachen. Die Haushalte würden erst einige Jahre später dazustoßen. Dann müsste man beim Tanken angeben, ob man als Privatperson oder als Geschäftsreisender tankt. Andere Vorschläge sind, den Preis für Zertifikate in diesem Segment zunächst zu deckeln – im Gespräch sind 50 Euro pro Tonne CO_2. Ganz besonders strittig ist, wie und für wen ein sozialer Ausgleich erfolgen soll. Ein Klimasozialfonds soll eingerichtet werden, in den ein Teil der Einnahmen aus dem ETS 2 fließt. Damit könnten dann Zuschüsse für Wärmedämmung oder E-Mobilität bezahlt werden, oder auch Zahlungen an vulnerable Haushalte geleistet werden. So wichtig es ist, ärmere Haushalte bei der Energiewende zu unterstützen, sollte man sich doch nichts vormachen: Der Emissionshandel ist das effizienteste Instrument zur Erreichung der Klimaziele. Jede andere Politik, wie zum Beispiel Verbote von Verbrennerautos oder von Gas- und Ölheizungen, macht die Klimapolitik unter dem Strich teurer.

Doch auch das System der Emissionszertifikate kann verbessert werden: Die EU sollte darauf achten, dass die Gewichte zwischen dem ersten und zweiten Zertifikatehandel richtig gesetzt werden. Eine Studie des ZEW von 2021 zeigt, dass die Kosten zur Bewältigung der Energiewende für Deutschland von knapp drei Prozent auf 1,5 Prozent des Bruttoinlandsprodukts sinken könnten, wenn man nicht dem derzeitigen Vorschlag der EU-Kommission folgen würde, sondern eine kostengünstigere Aufteilung der Emissionseinsparungen zwischen den Sektoren wählen würde. In den Sektoren Energie und Industrie würde dann (noch) mehr eingespart werden, in den Bereichen Verkehr und Gebäude etwas weniger. Die Belastung für die Haushalte beim Heizen oder Autofahren wären dann ebenfalls geringer. Da Deutschland bereits einen Emissionshandel für diese Sektoren hat, muss die Bundesregierung darauf achten, dass diese beiden Systeme dann auch zusammengeführt werden, und dass die europäischen Ziele nicht zu den deutschen im Widerspruch stehen.

Die CO_2-Preise sind das Leitinstrument der Klimapolitik. Die Stromerzeugung, die Industrie, der innereuropäische Flugverkehr und demnächst wohl auch der Schiffsverkehr sind durch den EU-ETS abgedeckt, demnächst hoffentlich die Sektoren Gebäude und Landverkehr durch den EU-ETS 2. Dann hätten alle diese Sektoren in der EU einen CO_2-Preis, genauer gesagt, es gäbe zwei Preise. Mittelfristig werden diese Preise sicherlich konvergieren, da es schwer zu begründen sein wird, warum ein

Flugzeug für sein Kerosin einen geringeren Zertifikatpreis zahlt (im EU-ETS) als etwa ein Auto für sein Benzin (im EU-ETS 2).

In vielen Bereichen werden zusätzliche staatliche Maßnahmen benötigt, insbesondere beim Aufbau der Infrastruktur, etwa bei Ladesäulen, und bei der Förderung von Forschung und Entwicklung, zum Beispiel von Wasserstofftechnologien. In manchen Bereichen werden auch direkte Eingriffe und Regeln, Vorgaben und Verbote notwendig sein. Das ist weitgehend die Aufgabe der Staaten und Kommunen, denen wir uns jetzt zuwenden. Diese Maßnahmen müssen aber vor dem Hintergrund des CO_2-Preises und des Zertifikatehandels getroffen werden, um Widersprüche und Inkonsistenzen zu vermeiden.

Deutschland: Das Land der Denker

Deutschland hat eine besondere Aufgabe in den internationalen Bemühungen zur Bekämpfung des Klimawandels übernommen, denn das UN-Klimasekretariat (Sekretariat des Rahmenübereinkommens der Vereinten Nationen über Klimaänderungen) ist in Bonn angesiedelt. Dort finden regelmäßig UN-Konferenzen statt, auf denen der aktuelle Stand der weltweiten Maßnahmen zur Klimapolitik besprochen wird. Bonn war auch Gastgeber der 5. und der 23. Weltklimakonferenz 1999 und 2017.

Das primäre Ziel ist die weltweite Reduktion von CO_2-Emissionen. Das Instrument der Europäer sollte die Einrichtung eines Klimaklubs sein. Diese internationale Perspektive sollte man auch immer berücksichtigen, wenn Maßnahmen auf nationaler Ebene ergriffen werden. Die Leitfrage ist deshalb: Trägt die jeweilige Maßnahme dazu bei, dass es zu einem solchen Klimaklub kommt?

Diese internationale Perspektive hilft, weitere Schritte zu planen und zu beurteilen. Wenn Deutschland mit seiner Klimapolitik Vorreiter sein will, dann wird es weniger relevant sein, wie viele Emissionen Deutschland genau einspart, sondern viel mehr, wie es diese Einsparungen hinbekommt, ob dies kosteneffizient erfolgt, und ob andere Länder diese Methoden übernehmen, sprich kopieren, können. Denn je mehr es sich lohnt, Klimapolitik zu betreiben, desto leichter wird es, mehr Länder in den Klimaklub zu bekommen. Machen wir uns nichts vor – Deutschland mit seinem Wohlstand kann auch Maßnahmen ergreifen, die kostspielig und weniger zielführend sind. Ein Entwicklungs- oder Schwellenland kann sich dies nicht erlauben.

Ein besonders wichtiger Hebel sind dabei Innovationen. Je besser die Technologien sind, umso billiger und einfacher ist es, gegen den Klimawandel vorzugehen, und umso eher sind andere Länder bereit, diesen Weg mitzugehen. Einiges wurde schon geleistet: Solarenergie und Windenergie sind um ein Vielfaches günstiger geworden, sodass sie auch für ärmere Länder finanziell attraktiv sein können. Batterien sind leistungsfähiger und leichter geworden. Die folgende Abbildung zeigt den beeindruckenden Preisrückgang bei Photovoltaikanlagen. Zwischen 1976 und 1986 sind die Preise auf ein Zehntel gefallen, und erneut zwischen 1986 und 2012.

Technologischer Fortschritt ist der wichtigste Hebel für eine weltweite Energiewende. Klimapolitik sollte daher ein besonderes Augenmerk auf Forschung und Entwicklung (F&E) werfen. Das gilt für Europa wie für Deutschland. Mit weniger als 10 Prozent der weltweiten Emissionen, aber mehr als 30 Prozent der weltweiten Wissenschaftler, liegt in der Forschung der komparative Vorteil Europas und Deutschlands, dem Land der Denker.

Entwicklung der Kosten für PV-Anlagen (pro Watt)

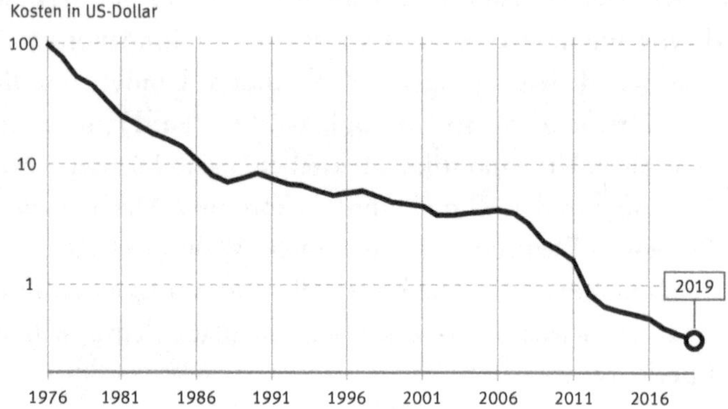

Quelle: Hannah Ritchie/Max Roser, Energy, in: Our World in Data, 2021, https://ourworldindata.org/energy (Abruf am 20.05.2022)
Die Darstellung ist logarithmisch gewählt, sodass die beiden Preiseinbrüche auf jeweils 10 Prozent des Anfangswertes dieselbe Länge haben.

Innovationen, Innovationen, Innovationen

Im Jahr 1898 lud die British Association for the Advancement of Science wie immer zur jährlichen Vorlesung des neuen Präsidenten ein. Alle, die einen der üblichen mehr oder weniger interessanten Vorträge erwartet hatten, wurden überrascht: Der Vortrag erschütterte sie. Der Präsident der Academy, Sir William Crookes, machte den Zuhörern klar, dass „alle Nationen in tödlicher Gefahr" seien. Wenn sich nichts bewegen würde, so zeigten seine Berechnungen und die anderer Wissenschaftler, würden ab den 1930er Jahren eine Vielzahl von Menschen leiden.

Die Botschaft hatte Folgen. Wissenschaft, Industrie und Politik machten sich daran, Wege zu finden, um dieser Gefahr zu entkommen. Bahnbrechende neue Erfindungen entstanden.

Unternehmen investierten Unsummen, um neue Technologien marktreif zu machen. Zwischenzeitlich beauftragte allein eines dieser Unternehmen Tausende Personen damit, die neuen Erkenntnisse der Wissenschaft in die Praxis umzusetzen. Geld war zu diesem Zeitpunkt nicht damit zu verdienen. Aber die Aussicht auf zukünftige Erträge trieb die Menschen an. Es war klar, wer dieses Problem der Menschheit in industriellem Ausmaße lösen konnte, hatte ausgesorgt.

Dann war es endlich so weit: BASF, dem Chemiekonzern in Ludwigshafen, gelang es, synthetischen Dünger herzustellen, indem es Stickstoff aus der Luft extrahierte, in einem aufwändigen Verfahren, das später Haber-Bosch-Verfahren genannt werden sollte. Natürlich vorkommender Stickstoff, der bis dahin zum Düngen verwendet wurde, ist nur sehr begrenzt vorhanden. Schätzungen, unter anderem von Sir Crookes, hatten ergeben, dass ohne den synthetischen Stickstoff nur etwa 2,5 Milliarden Menschen auf der Erde ernährt werden könnten. Heute leben 7,9 Milliarden Menschen auf der Erde. Nicht umsonst wird das Haber-Bosch-Verfahren deshalb auch als die einflussreichste Erfindung der Menschheit bezeichnet. Beide Personen, der Wissenschaftler Fritz Haber, der im Ersten Weltkrieg eine unrühmliche Rolle spielte, da er den Einsatz von Giftgas vorantrieb, und der Ingenieur Carl Bosch, wurden mit dem Nobelpreis für Chemie ausgezeichnet.

Dies war vor mehr als 120 Jahren. Heute stehen wir vor einem Problem ähnlicher Dimension – dem Klimawandel. Wenn sich nichts bewegt, werden in einigen Jahrzehnten viele Menschen unter den Folgen des Klimawandels leiden. Schon jetzt sind einige Veränderungen unumkehrbar. Orkane werden weiter zunehmen, der Meeresspiegel wird ansteigen, viele Gegenden der Erde werden unbewohnbar sein. Sir Crookes würde heute wohl eine ähnliche Rede halten: Die Nationen sind in großer Gefahr – bei einem weiteren ungebremsten Verbrauch von konventioneller Energie und damit einem ungebremsten Ausstoß von CO_2 wird die Menschheit in 30 bis 50 Jahren erhebliche Schäden erleiden.

Zu Beginn des 20. Jahrhunderts wurde der natürlich vorkommende Stickstoff durch synthetischen, also industriell hergestellten Stickstoff ersetzt. Eine solche Veränderung muss heute im Energiesektor erfolgen: Die Energieproduktion, die bislang den CO_2-Ausstoß verursacht, muss durch eine solche ersetzt werden, die ohne Emissionen auskommt – und das zu akzeptablen Preisen.

Energie durchdringt die moderne Gesellschaft. Kaum etwas ist heute ohne Energie denkbar. Deshalb bedarf es dazu nicht nur eines neuen Haber-Bosch-Verfahrens, sondern vieler großer und kleiner Innovationen. Günstige Solar- und Windenergie, große Stromspeicher, bezahlbarer synthetischer Kraftstoff und grüner Wasserstoff – all diese Entwicklungen sind notwendig, um die Energiewende zu bewältigen. Im Jahr 1898 war es prinzipiell klar, dass Stickstoff in der Luft enthalten ist. Dennoch bedurfte es eines Fritz Haber, der in seinem Labor eine Möglichkeit fand, diesen Stickstoff zu extrahieren, und eines Carl Bosch, der Wege fand, dies in großem Maßstab industriell zu akzeptablen Kosten herzustellen. Auch heute ist bereits einiges wissenschaftlich grundsätzlich verstanden. Allerdings ist grüner Wasserstoff noch viel zu teuer, die Speichermöglichkeiten für Strom auch, und bezahlbare E-Fahrzeuge haben eine geringe Reichweite.

Mit Warpgeschwindigkeit in eine neue Welt

Wie Innovationen beschleunigt werden und was sie bewirken können, zeigte sich in der Coronapandemie. Es war beeindruckend, in welch atemberaubend kurzer Zeit Impfstoffe gegen das Coronavirus entwickelt wurden. Und das nicht nur von einer einzelnen Firma. Biontech/Pfizer waren zwar die Ersten, die einen zugelassenen Impfstoff vorweisen konnten, doch folgten schon bald andere Pharmaunternehmen.

Sie waren dabei allerdings nicht auf sich allein gestellt. Die Forschung wurde mit Steuergeldern subventioniert, und Regierungen schlossen frühzeitig Verträge mit den Unternehmen ab und sagten den Kauf von Impfdosen zu. So hatte zum Beispiel die EU, noch bevor bekannt war, welche Firmen am Ende das Rennen machen würden, bei vielen von ihnen mehr als zwei Milliarden Impfdosen bestellt. Das grundlegende Prinzip dieser Vorgehensweise ist schon länger bekannt. Anfang des Jahrtausends schlug der US-amerikanische Ökonom Michael Kremer, der 2019 den Nobelpreis für Wirtschaft erhielt, das Instrument der „Advance Market Commitments" (AMC) vor, und zwar ursprünglich für die Entwicklung von Medikamenten und Impfstoffen gegen Krankheiten in Entwicklungsländern. AMCs geben Unternehmen die Sicherheit, dass ihnen eine große Menge an Medikamenten und Impfstoffen zu akzeptablen Preisen abgenommen wird. Dadurch wird es für sie rentabel, Ressourcen in die Forschung und Entwicklung dieser Medikamente und Impfstoffe zu investieren. Im Jahr 2020 legte der damalige US-Präsident Donald Trump daher das Programm „Operation Warp Speed" auf, benannt nach dem Warp-Antrieb der Raumschiffe, der in der Science-Fiction-Serie „Star Trek" Überlichtgeschwindigkeit möglich macht. Diese Geschwindigkeit ist zwar physikalisch nicht möglich und leider nur Fiktion, doch das Programm zeigte Wirkung: Mit 18 Mrd. US-Dollar Subventionen gelang es einer breiten Allianz aus US-Behörden, Militär und Unternehmen unter Leitung eines Generals und eines Pharmamanagers, in sehr kurzer Zeit Impfstoffe zu entwickeln und zu produzieren, sodass in den USA viel früher größere Mengen an Impfstoffen bereitstanden als in Europa.

Innovationen wie die neuen Impfstoffe gegen das Coronavirus oder zu Beginn des 20. Jahrhunderts das Haber-Bosch-Verfahren erleichtern das Leben massiv. Einen ähnlichen Innovationsschub benötigen wir in der Klimapolitik. Solarenergie, Windenergie, Bioenergie, elektrische Fahrzeuge, synthetischer Kraftstoff, grüner Wasserstoff – die Liste der technischen Möglichkeiten zur Umsetzung der Energiewende ist lang. Noch sind gewaltige Probleme zu lösen, um diese Möglichkeiten im industriellen Maßstab umzusetzen und damit bezahlbar zu machen. Dafür braucht es Wissenschaft, Forschung, Entwicklung und die richtigen Anreize.

Einiges wurde bereits erreicht. So sind die Kosten für Solarmodule und Windkrafterzeugungsanlagen stark gesunken. Auch Batterien, etwa für Fahrzeuge, sind heute leichter, leistungsfähiger und billiger. Doch bleibt noch viel zu tun. Das betrifft zum Beispiel die Förderung der Forschung: Hier müssen Europa und Deutschland die richtigen Prioritäten setzen. Deutschland gibt etwa 34 Mrd. Euro jährlich für seine sämtlichen Universitäten und Fachhochschulen aus. Zum Vergleich: Die EEG-Umlage, die Haushalte und Unternehmen in Deutschland jährlich für die Förderung von Strom aus erneuerbaren Energien zahlen, beträgt 25 Mrd. Euro. Diese Umlage wird jetzt aus Steuergeldern finanziert. Was für ein Schub könnte ausgelöst werden, wenn diese Summe in die Grundlagenforschung investiert würde? Rein rechnerisch ließe sich damit die Anzahl der Universitäten und Fachhochschulen fast verdoppeln. Oder man könnte damit 13 neue Max-Planck-Gesellschaften gründen, die für ihre knapp 90 Institute ein Budget von 2 Mrd. Euro benötigen. Auch sollte mehr in die Entwicklung von Technologien investiert werden, die den Sprung von der Wissenschaft in die Praxis noch nicht geschafft haben.

Forschung und Entwicklung finden aber nicht nur in staatlich geförderten Programmen statt – ein Großteil der Aufwendungen kommt aus der privaten Wirtschaft. Die Coronapandemie hat eindrücklich gezeigt, wie flexibel und schnell die Wirtschaft reagieren und agieren kann. Dies betraf nicht nur die Entwicklung von Impfstoffen, sondern auch Unternehmen, die sehr früh damit begonnen haben, ihre Technologien zu ändern, um Masken, Schutzanzüge und medizinische Geräte herzustellen. Auch der Handel und die Gastronomie haben schnell reagiert und auf Onlineverkauf umgestellt, um zumindest Teile ihres Geschäfts zu retten. All diese Umstellungen sind mit kleinen und großen Innovationen verbunden – neue Technologien müssen an die Gegebenheiten vor Ort angepasst und weiterentwickelt werden.

Diese unternehmerische Kraft wird auch in der Klimakrise der Schlüssel zum Erfolg sein. Industrieunternehmen wie Stahl- oder Chemiehersteller müssen ihre Produktion anpassen, Mobilitätsunternehmen müssen sich auf Zeiten ohne Diesel und Benzin einstellen, Heizungsbauer auf Erdwärme und andere Wärmequellen umstellen. Dafür benötigt die Wirtschaft aber Planungssicherheit und die Aussicht, mit Innovationen zukünftig Geld verdienen zu können.

Nachhaltigkeit in der Politik als Voraussetzung für Innovationen

Das Zusammenspiel von Politik und Markt in der Klimapolitik funktionierte bislang nicht immer gut. Das wird am Beispiel der Gaskraftwerke deutlich. In den vergangenen Jahrzehnten haben viele Energieproduzenten, insbesondere Stadtwerke, in Gaskraftwerke investiert, um für die Energiewende gut aufgestellt zu sein. Gaskraftwerke haben nämlich zwei Eigenschaften, die für die Energiewende wichtig sind: Zum einen sind sie sauberer als Kohlekraftwerke, weil sie bei der Erzeugung derselben Menge an Energie weniger CO_2 emittieren. Zum anderen können sie kurzfristig hoch- und wieder heruntergefahren werden. Wenn also Solar- und Windkraftwerke ausfallen, weil die Sonne nicht scheint und der Wind nicht weht, können sie schnell einspringen. Nun hatte die Bundesregierung allerdings erneuerbare Energien, insbesondere Windkraftwerke und Solarkraftwerke, subventioniert, anstatt Strom aus verschmutzenden Kohlekraftwerken teurer zu machen. Der CO_2-Preis war lange sehr niedrig. Dies führte zwar zu einem raschen Ausbau der erneuerbaren Energien, hatte aber den Nebeneffekt, dass Kohlestrom nach wie vor günstiger war als Gasstrom. Wenn also keine Sonne schien und kein Wind wehte, arbeiteten zunächst die Kohlekraftwerke und bedienten die Kunden mit billigem Strom. Mit Gas ließ sich kein Geld verdienen. Die Stadtwerke haben diese Lektion bitter bezahlt und mussten viele der Gaskraftwerke abschreiben. Diesen Fehler wollen sie nicht noch einmal machen. Ohne zu wissen, wie sich die Politik zukünftig verhalten wird, werden sie solche Investitionen nicht mehr tätigen.

Das gilt allgemein: Investitionen und neue Forschungsprojekte fallen der Wirtschaft umso leichter, je mehr Planungssicherheit sie haben. Denn je mehr Unsicherheit herrscht, desto schwieriger ist es, im Unternehmen den Finanzvorstand und den Aufsichtsrat davon zu überzeugen, eine Investition in grüne Technologien zu wagen. CO_2-Preise sind ein wichtiges Instrument, um Unternehmen auch langfristige Anreize zu bieten, innovativ tätig zu werden und künftig weniger zu emittieren. Denn wer mehr emittiert, zahlt mehr. Die Preise für Emissionszertifikate wirken dabei ähnlich wie die Advance Market Commitments von Michael Kremer in der Medizin: Unternehmen wissen, wenn sie in grüne Technologien investieren, dass sie damit zukünftig Geld verdienen werden. Dafür ist es wichtig, dass Unternehmen davon ausgehen können, dass die Zertifikatpreise auch zukünftig hoch sein werden. Bislang ist das EU-ETS jedoch nur bis 2030 ausgerichtet. Notwendig wäre eine Planungssicherheit darüber hinaus. Eine weitere Möglichkeit, Unternehmen langfristige Planungssicherheit zu verschaffen, sind die von der Bundesregierung geplanten Klimaschutzdifferenzverträge, auf die wir im folgenden Abschnitt in Zusammenhang mit grüner Wasserstoffwirtschaft eingehen. Denn ihr Aufbau wirft eine ganze Reihe von Marktdesignfragen auf.

Wasserstoff – die große Vision

Wasserstoff ist das erste Element im Periodensystem der Elemente. Es besteht aus nur einem Proton und einem Elektron und ist damit das einfachste und leichteste Element. Außerdem macht es etwa drei Viertel der klassischen Materie aus und ist damit das häufigste Element im Universum.

Vor allem aber ist Wasserstoff die große Hoffnung der Energiewende. Außenministerin Annalena Baerbock betreibt „Wasserstoffdiplomatie" und hat ein „Wasserstoffbüro" in Nigeria eröffnet. Die Europäische Union hat die Förderung von Wasserstofftechnologien zu einem „wichtigen Vorhaben von gemeinsamem europäischem Interesse" (Important Project of Common European Interest – IPCEI) erklärt. Ein IPCEI soll einen Beitrag zu den strategischen Zielen der EU leisten, wie zum Beispiel Wettbewerbsfähigkeit oder Nachhaltigkeit, und technologisch den internationalen Stand der Technik auf dem jeweiligen Gebiet übertreffen. Ein solches Vorhaben wird von mehreren Mitgliedsstaaten durchgeführt und von den beteiligten Unternehmen und Einrichtungen kofinanziert. Ein ehrgeiziges Unterfangen also.

Im Jahr 2018 legte die Europäische Union ein IPCEI für Mikroelektronik auf, 2020 für Batteriezellen. Das neue für Wasserstoff ist das bisher größte IPCEI und umfasst mehr als 400 Projekte aus 18 Staaten. Deutschland beteiligt sich mit 62 Großvorhaben, unter anderem mit der Erzeugung von grünem Wasserstoff durch Offshore-Windparks bei Helgoland sowie mit Projekten der Stahl- und Chemieindustrie und weiteren in den Bereichen Infrastruktur und Mobilität. Bund und Länder stellen dafür insgesamt 8 Mrd. Euro Fördermittel zur Verfügung.

Zusätzlich beschloss die Bundesregierung 2020 mit der „Nationalen Wasserstoffstrategie" ein eigenes Förderprogramm mit insgesamt 38 Maßnahmen. Sie setzen zum Teil bei den Unternehmen an, indem sie die Hersteller von Wasserstoff oder die Umstellung auf Wasserstoffanwendungen in der Industrie fördern. Andere Maßnahmen haben die internationalen Märkte im Blick und unterstützen die Integration von Wasserstoff in bestehende Energiepartnerschaften. Auch der Aufbau einer Infrastruktur für Wasserstoff wie Leitungen und Tankstellen wird gefördert.

Insgesamt wird für dieses kleine Molekül also sehr viel Aufwand betrieben. Doch ist die Energiewende ohne Wasserstoff nicht vorstellbar. Wenn kein Wind weht und keine Sonne scheint, soll der Strom (auch) durch Verbrennung von Wasserstoff erzeugt werden. Schiffe und Flugzeuge, die nur schwerlich mit Batterien betrieben werden können, sollen stattdessen Wasserstoff verwenden. Die Industrie, die bislang auf Gas setzt, soll auch Wasserstoff nutzen.

Wasserstoff ist zwar reichlich vorhanden, aber an andere Elemente gebunden. Um ihn herzustellen, muss er aus Wasser (H_2O) oder Methan (CH_4) abgespalten werden. Für diese Abspaltung benötigt man viel Energie: Bei der Elektrolyse, also dem Spaltprozess, gehen 20 bis 40 Prozent und im weiteren Produktionsprozess je nach Verfahren noch einmal bis zu 40 Prozent der eingesetzten Energie verloren.

Wasserstoff ist zwar farblos, doch hat er Farbbezeichnungen bekommen, je nachdem, welche Art von Energie zu seiner Herstellung verwendet und welche Menge an CO_2 dabei freigesetzt wird. Grauer Wasserstoff wird mit fossiler Energie hergestellt.

Blauer Wasserstoff wird ebenfalls mit fossiler Energie hergestellt, doch wird das dabei entstehende CO_2 abgefangen. Bei der Produktion von türkisem Wasserstoff aus Methan, das aus erneuerbarer Energie stammt, entsteht als Nebenprodukt fester Kohlenstoff (C) und nicht CO_2. Grüner Wasserstoff wird aus Wasser mit Strom aus erneuerbaren Energien hergestellt, ohne dass Nebenprodukte entstehen. Roter Wasserstoff, für den Strom aus Kernenergie genutzt wird, und weißer Wasserstoff, der als Abfallprodukt aus anderen chemischen Prozessen entsteht, spielen in der Diskussion nur eine untergeordnete Rolle.

Der grüne, also komplett CO_2-freie Wasserstoff ist klimatechnisch der Königsweg. Wegen der Energieintensität der Herstellung sind vor allem sonnen- und windreiche Gegenden mit hohem Potenzial an erneuerbaren Energien für die Produktion geeignet. Mit Marokko sind schon erste Kooperationen vereinbart; ein Abkommen mit Deutschland gibt es seit 2020. Zwar sind die Produktionskosten derzeit noch sehr hoch, doch ist davon auszugehen, dass sie – ähnlich wie bei den Solarmodulen – mit zunehmender Marktentwicklung fallen werden.

Um die Produktion von grünem Wasserstoff zu fördern, sieht die Bundesregierung sogenannte Klimaschutzdifferenzverträge vor. Um einen Anreiz zu schaffen, sollen Unternehmen die Kostendifferenz zwischen der Produktion eines sauberen und eines schmutzigen Guts erstattet bekommen. Ein Beispiel: Die Produktion einer Tonne „braunen“, also mit Kokskohle hergestellten Stahls kostet etwa 400 Euro. Weil diese Produktion CO_2-Emissionen verursacht, muss das Unternehmen zusätzlich Emissionszertifikate kaufen. Bei einem Zertifikatpreis von 80 Euro pro Tonne CO_2 kommen dafür weitere 136 Euro hinzu, die Kosten betragen demnach 536 Euro. Die Produktion von „grünem“ Stahl mit Wasserstoff und grünem Strom verursacht keine CO_2-Emissionen und kostet etwa 725 Euro pro

Tonne, ist also 191 Euro teurer. Der Klimaschutzdifferenzvertrag würde dem Unternehmen für jede Tonne grünen Stahl, die es produziert, zunächst 191 Euro erstatten. Wenn die Preise für die Zertifikate steigen, würde diese Erstattung allerdings entsprechend reduziert werden. Und wenn sie richtig teuer werden, kann es sogar sein, dass das Unternehmen der Regierung Geld erstatten muss.

Solche Verträge, die über zehn oder 20 Jahre laufen, bieten den Unternehmen langfristige Planungssicherheit und machen sie weniger abhängig von möglichen Preisschwankungen der Zertifikate. Allerdings sind gerade diese Zertifikatpreise das klimapolitische Signal für den ökologischen Umbau der Wirtschaft. Mit den Differenzverträgen bekommen die Unternehmen de facto eine Kostenerstattung, und zwar diejenigen Unternehmen, die nach Ansicht der Regierung für die Energiewende besonders wichtig sind, bzw. diejenigen, denen es gelingt, die Regierung davon zu überzeugen, dass sie wichtig sind. Einem kleinen Mittelständler fällt dies schwerer. Das Instrument sollte deshalb nur mit Vorsicht eingesetzt werden. Sinnvoller könnte es sein, die Forschungs- und Entwicklungskosten zu fördern anstatt die Produktionskosten.

Eine wichtige Frage ist, wo der Wasserstoff produziert wird, und wie er dorthin kommt, wo er gebraucht wird. Die Wasserstoffdiplomatie der Bundesregierung deutet bereits darauf hin, dass viel aus dem Ausland kommen soll. Und das macht ja auch Sinn – wo die Sonne häufiger scheint und der Wind stärker weht, sind Solar- und Windkraftwerke ertragreicher. Ursprünglich verfolgte man das Ziel, den so erzeugten Strom nach Deutschland zu transportieren. So gründeten die Desertec Foundation und weitere Gesellschafter 2009 ein Unternehmen mit dem Ziel, Solarstrom aus Nordafrika zu importieren und damit 15 Prozent des europäischen Strombedarfs zu decken. Heute denkt man eher in die Richtung, mit diesem Strom vor Ort Wasserstoff zu produzieren und diesen dann nach Europa zu transportieren.

Wenn der Wasserstoff nach Europa gelangt ist, muss er allerdings noch an den Ort des Verbrauchs befördert werden. Damit stellt sich die Frage nach der geeigneten Infrastruktur. Die lässt sich noch nicht klar beantworten, weil der Markt gerade erst entsteht. Manche Unternehmen, die heute sagen, dass sie mit Wasserstoff produzieren werden, wandern vielleicht ab, um sich die Transportkosten zu sparen. Sie produzieren dann lieber dort, wo der grüne Wasserstoff hergestellt wird, und transportieren anschließend ihre Waren zurück nach Europa. Andere werden in Europa bleiben.

Die Gasnetzbetreiber haben im Jahr 2020 eine Vision für ein Wasserstoffnetz vorgelegt, das 5.900 Kilometer umfasst und sich weitgehend an den existierenden Erdgasleitungen orientiert. Die großen Verbraucher in der Industrie, aber auch Untertagespeicher zum Lagern des Wasserstoffs sollen an dieses Netz angebunden werden. Hierfür müssten Gasleitungen umgestellt und teilweise neue Leitungen gebaut werden. Eine etwas abgespeckte Version mit 5.100 Kilometern, das sogenannte H2-Netz 2030, würde nach Schätzungen der Gasnetzbetreiber 6 Mrd. Euro kosten.

Die Gasnetzbetreiber würden gerne ihre Erdgasleitungen für den Transport von Wasserstoff umrüsten und sie als reine Wasserstoffnetze weiter betreiben. Zahlen würden dafür, zumindest zu Anfang, ihre heutigen Kunden, also die Abnehmer des Erdgases. Allerdings würde dadurch ein Markt, der erst im Entstehen ist – der Wasserstoffmarkt –, mit einem „reifen" Markt, dem Gasmarkt, vermischt und dessen Regeln unterworfen. Das mag mittelfristig sinnvoll sein, doch spricht einiges dafür, den neuen Markt, zumindest hinsichtlich seiner Netze, zunächst sich selbst zu überlassen. Forschung in Wasserstofftechnologien sollte hingegen, wie dargelegt, gefördert werden.

Die Bundesregierung hat deshalb eine Übergangsregelung für Wasserstoffnetze beschlossen, die unter anderem vorsieht, dass Wasserstoff- und Erdgasnetzentgelte getrennt voneinander zu bestimmen sind. Die Entgelte für das Erdgasnetz würden wie bisher von der Bundesnetzagentur reguliert, die für das Wasserstoffnetz würden hingegen Netzbetreiber und Kunden frei aushandeln.

Wie sich der Markt weiter entwickelt, ist unklar. Es spricht einiges dafür, dem Regulator gewisse Freiheiten einzuräumen. So analysiert die Bundesnetzagentur zum Beispiel im Telekommunikationssektor die Marktverhältnisse regelmäßig und greift ein, wenn sie Wettbewerbsprobleme feststellt. Eine ähnliche Flexibilität wäre auch für das künftige Wasserstoffnetz hilfreich.

Marktdesign zum Ausbau einer nachhaltigen Wirtschaft

Um die Klimaziele zu erreichen, wird die Bundesregierung vielfach in Märkte eingreifen müssen. Marktdesign, als Teilgebiet der Volkswirtschaftslehre, kann dabei Orientierung geben, denn es setzt sich mit einer Vielzahl von Instrumenten und deren Wirkungen auseinander, um dann für einen spezifischen Markt und eine spezifische Aufgabe die bestmögliche Lösung zu finden. Im Folgenden werden drei Felder vorgestellt, die für den Erfolg der Energiewende wesentlich sind und bei denen Verbesserungsbedarf besteht.

Wer sorgt sich um die Versorgungssicherheit?

Die Stromversorgung soll nicht nur umweltverträglich und bezahlbar, sondern auch sicher, also durchgehend verfügbar sein. Ein Problem der Stromerzeugung aus erneuerbaren Energien ist, dass sie wetterbedingten Schwankungen unterliegt und es deshalb mit ihnen schwieriger ist, Versorgungssicherheit zu gewährleisten als mit konventionellen Kraftwerken.

Die Stromversorgung in Deutschland ist eine der sichersten weltweit. Im Jahr 2020 mussten Stromkunden im Schnitt lediglich elf Minuten auf Strom verzichten, das ist ein Spitzenwert in Europa. Doch besteht die Sorge, dass Stromausfälle zunehmen könnten, wenn wir nun vermehrt Wind- und Solarstrom einsetzen. Denn was passiert, wenn einmal ein paar Tage lang keine Sonne scheint und kein Wind weht – also die sogenannte „Dunkelflaute" auftritt? Haben wir dann genügend Speicher und konventionelle Kraftwerke, um uns dennoch mit Strom zu versorgen?

Stromausfälle können sehr problematisch sein. Das zeigte sich im Februar 2021 im US-Bundesstaat Texas: Während vier eisiger Tage stieg der Strombedarf stark an, weil mehr als 60 Prozent der Bevölkerung elektrische Heizungen in schlecht isolierten Häusern verwenden. Gleichzeitig fielen viele Kraftwerke aus, da der Kälteeinbruch zu einem Einfrieren der Gasversorgung und vieler Steuerungsinstrumente der Anlagen führte. Die zuständige Behörde ordnete deshalb an, bestimmte Regionen nicht mehr mit Strom zu versorgen. Dieses kontrollierte Abschalten, der sogenannte Brownout, sollte einen Blackout, den unkontrollierten Zusammenbruch der gesamten Stromversorgung, verhindern. Dennoch kamen durch die mehrtägigen (kontrollierten) Stromausfälle zahlreiche Menschen ums Leben, und der Sachschaden belief sich auf mehrere Milliarden US-Dollar.

Versorgungssicherheit ist nicht nur im Strommarkt extrem wichtig. Auch in anderen Bereichen stellt sich die Frage, wie sie am besten erreicht werden kann und wer dafür zuständig ist: Im Krankenhausbereich müssen zum Beispiel die Länder dafür sorgen, dass im Notfall ausreichend Betten zur Verfügung stehen. Im Brötchenmarkt macht dies hingegen der Markt von alleine, es gibt keine zentrale Planung für Bäckereien. Der Unterschied ist, dass im Brötchenmarkt die Preise flexibel reagieren – wenn

Brötchen knapp sind, steigen die Preise, und neue Bäckereien treten in den Markt ein. Scheidet eine Bäckerei aus dem Markt aus, werden Versorgungsprobleme also meist schnell behoben.

Was den Strommarkt betrifft, hat sich die Bundesregierung für den „Bäckereien-Weg“ entschieden. Sie geht davon aus, dass bei Stromknappheit, etwa wenn kein Wind weht und die Sonne nicht scheint, aber dennoch viele Menschen Strom brauchen, die Preise steigen, und deshalb die Kraftwerksbetreiber ein Interesse daran haben, ihre Anlagen so zu bauen, dass sie in Zeiten von Knappheit liefern können. Die Preise im Strommarkt können durchaus sehr hoch sein: Während der durchschnittliche Strompreis an der Strombörse in Paris zumindest bis 2020 bei etwa 40 Euro pro Megawattstunde (MWh) lag, können in bestimmten Situationen Spitzenpreise von 3.000 Euro/MWh erreicht werden. Rein theoretisch könnten sie sogar noch höher steigen, aber das Computersystem der Börse lässt derzeit keine höheren Preise zu, bei 3.000 Euro ist Schluss.

Doch führt die Erwartung solch hoher Preise tatsächlich dazu, dass mehr Kraftwerke gebaut werden, um Versorgungskrisen zu vermeiden? Und werden genügend Unternehmen Kraftwerke im Markt halten, die auch bei einer Dunkelflaute liefern können? Die Wirtschaftswissenschaftler sind sich nicht einig darüber, ob der Bäckereien-Weg auch im Strommarkt funktioniert, ob also die flexiblen Preise ausreichen, um für Versorgungssicherheit zu sorgen. Ich bezweifle es.

Im Strommarkt gibt es nämlich das Problem, dass die Nachfrager nicht besonders gut auf unterschiedlich hohe Preise reagieren können – so merken die Haushalte zum Beispiel nicht, ob der Strompreis an der Börse gerade hoch oder niedrig ist. Sie verbrauchen auch dann den Strom, wenn die Preise sehr hoch sind, obwohl dies ja ein guter Zeitpunkt wäre, um die Nachfrage zu drosseln. Dies kann, wie in Texas, dazu führen, dass mehr Strom nachgefragt wird, als insgesamt produziert werden kann. Die Folge ist ein Brownout oder gar ein Blackout. Ökonomen sprechen in diesem Fall von einem „Marktversagen", das heißt, ein Markt funktioniert nur schlecht oder gar nicht. Das Angebot entspricht nicht der Nachfrage, und der Markt ist nicht „geräumt", das heißt, nicht alle Stromnachfrager werden bedient, die eigentlich Strom kaufen wollen oder sogar schon gekauft haben.

In dieser Situation erhalten die Stromerzeuger zwar viel Geld, wie in Texas, wo der Strompreis auf bis zu 9.000 Dollar/MWh stieg, aber weniger Geld als ohne Brownout. Der Brownout führt nämlich dazu, dass einzelne Regionen vom Stromnetz abgekoppelt werden, also Nachfrage aus dem Markt genommen und dadurch auch der Preisanstieg gebremst wird. Manchmal müssen bei einem solchen Brownout auch Kraftwerke abgeschaltet werden, weil sie zum Beispiel in Regionen sitzen, die nicht bedient werden, und die Netze nicht ausreichen, um den Strom in andere Regionen zu liefern. Dies alles vermindert für die Stromerzeuger die Anreize, in neue Kraftwerke zu investieren. Denn wer baut schon ein neues Kraftwerk, das eigentlich in Zeiten von Knappheit eingesetzt werden kann, wenn er davon ausgehen muss, dass womöglich sein Kraftwerk nicht liefern darf oder die Stromnachfrage gekappt wird, und er dann weniger Geld verdienen kann? Hinzu kommt, dass solche Knappheitssituationen sehr selten sind. Und wer investiert in ein neues Kraftwerk, nur um alle 10 bis 20 Jahre einmal ordentlich Geld in einer Krisensituation zu verdienen?

Es ist bezeichnend, dass in Deutschland seit Langem „im Markt" kein neues konventionelles Kraftwerk mehr gebaut wurde. Im oberbayerischen Irsching entsteht zwar derzeit ein Gaskraftwerk. Die Kosten trägt jedoch kein Energieunternehmen, sondern ein Netzbetreiber, denn es soll nur als Sicherheitspuffer in Notfällen dienen und nicht im Strommarkt aktiv sein. Die

Kosten dazu werden dann auf die Netzgebühren aufgeschlagen, das Kraftwerk muss sein Geld nicht im Markt verdienen.

Außer konventionellen Kraftwerken sind Speichertechnologien geeignet, um die Versorgungssicherheit zu gewährleisten. Ein Wasserkraftwerk kann zum Beispiel ein solcher Speicher sein: Wenn der Wind weht oder die Sonne scheint, der Strom also billig ist, wird Wasser in den Speicher hochgepumpt. Wenn es dunkel oder windstill und der Strom teuer ist, wird das Wasser abgelassen, in Turbinen eigener Strom erzeugt und dann verkauft. Doch auch Speicher müssen sich lohnen, damit in sie investiert wird. Ob Speichertechnologien irgendwann ausreichen, um für Versorgungssicherheit zu sorgen, ist unklar. Die meisten Simulationen des Strommarkts gehen davon aus, dass zumindest in den nächsten Jahrzehnten noch fossile Kraftwerke, insbesondere Gaskraftwerke, benötigt werden, um bei Dunkelflauten einen Teil der Stromversorgung sicherzustellen. Die Simulationen müssen als Folge des Ukraine-Krieges und des Rückzugs vom billigen russischen Gas sicher angepasst werden. Die Problematik – wer sorgt für den Strom, wenn die erneuerbaren Energien nicht liefern können – bleibt aber bestehen.

Wie kann hier Marktdesign helfen? Eine Möglichkeit, für Versorgungssicherheit zu sorgen, wäre, einen zusätzlichen zentralen Kapazitätsmarkt einzuführen, wie es ihn in Teilen der USA, in Großbritannien und Frankreich gibt. Während bei uns im sogenannten Energy-Only-Markt nur der tatsächlich erzeugte Strom bezahlt wird, würde bei einem Kapazitätsmarkt hingegen auch die Bereitstellung von „sicherer“ Kraftwerkserzeugung finanziert. Mit sicherer Kraftwerkserzeugung ist gemeint, dass ein Kraftwerk bereit steht, dessen Produktion zuverlässig geplant werden kann. Kraftwerke mit fossilen Energien können dies besser als viele der Kraftwerke mit erneuerbaren Energien. Zwar kann auch ein Gaskraftwerk einmal ausfallen, aber es produziert beständiger als ein Windkraftwerk und ist besser steuerbar. Biomassekraftwerke zählen auch zu dieser sicheren Kraftwerkserzeugung, da sie flexibel eingesetzt werden können.

In einem Kapazitätsmarkt macht der Staat eine Ausschreibung darüber, wer zum Beispiel im nächsten Jahr oder bei neuen Anlagen beginnend in fünf Jahren sicher Strom produzieren kann. Unternehmen, die sich an der Ausschreibung beteiligen wollen, müssen nachweisen, dass sie die entsprechenden Kapazitäten haben oder errichten wollen. Unternehmen, die bei der Ausschreibung erfolgreich sind, erhalten Geld (Kapazitätszahlungen) für das Bereitstellen der Erzeugungskapazität. Dafür müssen sie sich verpflichten, in Zeiten von Knappheit auch Strom zu liefern. Wenn genügend Kapazität auf diese Art eingebunden wird, lassen sich Brownouts und erst recht Blackouts vermeiden.

Staatlich angeordnete langfristige Termingeschäfte, wie sie derzeit in den USA diskutiert werden, sind eine weitere Möglichkeit, um Versorgungssicherheit zu garantieren. Dazu würde neben den kurzfristigen Strommärkten ein regulierter Markt für standardisierte langfristige Terminverträge eingeführt. Erzeuger verpflichten sich Jahre vor dem Lieferzeitpunkt, eine bestimmte Strommenge bereitzustellen. Der Vorteil langfristiger Verträge für Erzeuger ist eine größere Mengen- und Erlössicherheit und die notwendige Planungssicherheit für ausreichende Investitionen in eine sichere Versorgung.

Weil sich die Bundesregierung nicht sicher ist, ob der Strommarkt allein ausreicht, um die Versorgungssicherheit bereitzustellen, hat sie ein anderes Sicherheitsventil eingebaut. Sie hat die Netzbetreiber und die Bundesnetzagentur beauftragt, dafür zu sorgen, dass auch für Dunkelflauten genügend Erzeugungskapazität bereitsteht. Die Bundesnetzagentur hat deshalb bereits einigen Kohlekraftwerken verboten, aus dem Markt auszutreten, da diese für die Systemsicherheit notwendig sind. Und die

Netzbetreiber schreiben eine Kapazitätsreserve aus, um in ihrem Netzgebiet die Versorgung sicherzustellen. Bewerben können sich Kraftwerke, die ansonsten ausgemustert würden, oder neue Anlagen wie das Gaskraftwerk in Irsching. Es gibt also bereits dezentrale Kapazitätsmärkte. Zu große Sorgen vor einem Blackout müssen wir deswegen (derzeit) nicht haben, aber das Vorgehen ist nicht effizient: Denn diese Reservekraftwerke dürfen in normalen Zeiten keinen Strom erzeugen, sondern nur in Notsituationen. Dabei ist davon auszugehen, dass zum Beispiel das neue und moderne Gaskraftwerk in Oberbayern günstiger produzieren würde als die anderen, die schon länger im Betrieb sind. Die regionalen Strompreise, die im vorherigen Abschnitt besprochen wurden, würden dafür sorgen, dass sich neue Kraftwerke und Stromverbraucher, also Unternehmen, an den richtigen Orten in Deutschland ansiedeln. Ein Kapazitätsmechanismus stellt dann sicher, dass es auch hinsichtlich der Versorgungssicherheit ausreichend viele Kraftwerke sind.

Strom in allen Ecken und Enden

Strom ist das Allzweckwerkzeug der Energiewende. Er soll nicht nur aus der Steckdose im Wohnzimmer kommen, sondern auch die Wohnungen beheizen, etwa über Wärmepumpen, er soll die Akkus der Elektroautos aufladen und den Wasserstoff und synthetischen Kraftstoff erzeugen, der dann in der Industrie und für Flugzeuge und Schiffe genutzt werden kann.

Man spricht in diesen Zusammenhang von Sektorenkoppelung, denn die Sektoren Energieerzeugung, Industrie, Verkehr, Gebäude und Landwirtschaft hängen über den Strom eng miteinander zusammen. Wenn etwa im Sektor Verkehr mehr Elektroautos gefahren werden, benötigen diese Strom aus dem Sektor Energieerzeugung. Auch der Sektor Industrie wird sich umstellen und verstärkt mit aus Strom erzeugtem Wasserstoff oder direkt mit Strom anstatt mit Kohle oder Gas produzieren. Haushalte müssen sich schon heute zwischen verschiedenen Technologien entscheiden: Elektroauto oder Benziner? Gastherme oder eine mit Strom betriebene Wärmepumpe? Um die für den jeweiligen Zweck und die für das Klima „beste“ Technologie wählen zu können, müssen jedoch die Anreize, sprich die Preise stimmen. Bislang stimmen die Anreize nicht.

Die Energieträger werden unterschiedlich und unsystematisch belastet. Erdgas und Heizöl werden kaum belastet und sind pro Energieeinheit am günstigsten. Für Benzin und Diesel zahlt man Energiesteuer, die ursprünglich eingeführt wurde, um den Verbrauch zu senken und zu umweltfreundlichem Verhalten anzuleiten. Auf den Strompreis wird nicht nur die Stromsteuer aufgeschlagen (das Pendant zur Energiesteuer bei Kraftstoffen), sondern auch die EEG-Umlage sowie eine Reihe weiterer Abgaben. Ausnahmen sind spezielle Tarife wie etwa für Wärmepumpenstrom. Hinzu kommen die CO_2-Preise – beim Strom durch den europäischen Emissionszertifikatehandel, bei den anderen Energieträgern durch den deutschen Zertifikatehandel. Benzin und Diesel sind trotz Energiesteuer und CO_2-Preis pro Energieeinheit allerdings immer noch günstiger als Strom.

Aufgrund der hohen Gebühren im Strommarkt gibt es weniger Anreiz, von der Gasheizung auf Wärmepumpen umzusteigen, für die Stromkosten anfallen, oder ein Dieselauto gegen ein Elektrofahrzeug einzutauschen.

Deshalb war es richtig, dass die Bundesregierung beschlossen hat, die EEG-Umlage zum 1. Juli 2022 abzuschaffen. Wegfallen wird sie zwar nicht, aber sie wird nun aus Steuern finanziert und fällt nicht mehr mit der Stromrechnung an. Strom wird dadurch billiger und attraktiver.

Mehr Wettbewerb bei Ladesäulen

Wir brauchen viel mehr Ladesäulen, und das möglichst schnell. Elektrofahrzeuge, die man nicht laden kann, sind so hilfreich wie Fahrräder mit platten Reifen. Das ist bei den politisch Verantwortlichen angekommen. Kommunen weisen Plätze für Ladesäulen aus, Bund und Länder haben Förderprogramme aufgelegt, und viele Unternehmen haben bereits Ladesäulen auf ihrem Geschäftsgelände installiert oder planen dies.

Das ist auch gut so. Aber es gibt ein Problem im Marktdesign, das bislang zu wenig Berücksichtigung findet: Wenn wir so weitermachen wie bisher, dann bleibt beim Aufbau der Infrastruktur der Wettbewerb auf der Strecke. Öffentliche Ladesäulen sind kein Teil des Stromnetzes und somit unreguliert. Der Betreiber einer E-Tankstelle ist nicht verpflichtet, anderen Stromanbietern Zugang zu seiner Ladesäule zu ermöglichen. Das ist beim Haushaltsstrom anders: Jeder kann wählen, von welchem Unternehmen er seinen Strom beziehen will. Wer aber unterwegs sein E-Auto aufladen will, ist an den örtlichen Anbieter und dessen Tarife gebunden.

Derzeit vergeben die Kommunen die Erlaubnis für die Errichtung von Ladesäulen auf öffentlicher Fläche in der Regel nur an ein Unternehmen, und nicht selten sind das die eigenen Stadtwerke. Die Monopolkommission, ein Beratungsgremium der Bundesregierung, hat sich die Daten zu den etwa 42.000 Ladepunkten angesehen. In vielen Regionen haben einzelne Betreiber sehr hohe Anteile an den Ladepunkten. Wenn aber alle Ladesäulen einer Stadt demselben Betreiber gehören, gibt es keinen Wettbewerb, und dann wird es für den Verbraucher teuer.

Was ist zu tun? Zunächst sollte bei den Förderprogrammen darauf geachtet werden, dass sie keine Ladesäulen-Monopole fördern, sondern den Wettbewerb. Die Programme könnten etwa eine höhere Förderung vorsehen, wenn die Betreiber der geförderten Ladepunkte in dieser Region weniger als 40 Prozent aller Ladepunkte auf sich vereinen. Dies gilt insbesondere für die Schnellladepunkte an Autobahnen, auf die man bei Reisen angewiesen ist. Bei diesen Ladesäulen sollte darauf geachtet werden, dass sie von unterschiedlichen Anbietern betrieben werden und Kunden die Wahl haben.

Zudem sollten E-Autofahrer besser informiert werden. Viele Fahrer herkömmlicher Autos nutzen eine App, die ihnen anzeigt, welche Tankstelle in der Umgebung am günstigsten ist. Doch gibt es keine App, die dasselbe für E-Ladesäulen anzeigt. Noch schlimmer: Selbst wenn man auf eine Ladesäule zufährt, sieht man nicht, wie teuer der Strom dort ist, während beim Kraftstofftanken die Preise groß aushängen und von Weitem sichtbar sind. Für eine solche App müssen zunächst die entsprechenden Daten zentral gesammelt werden. Bei den Kraftstoffen geschieht dies über die Markttransparenzstelle, die beim Bundeskartellamt angesiedelt ist. Alle Tankstellen müssen ihre Preise der Markttransparenzstelle melden. Diese gibt sie dann weiter an die Betreiber der Apps, und so landet die Information auf unseren Mobiltelefonen. Dasselbe Vorgehen wäre auch für E-Ladesäulen sinnvoll, um Preistransparenz für die Kunden herzustellen. Das würde übrigens auch Wettbewerbern erlauben, in den Markt für E-Ladesäulen einzutreten. Bislang ist dies schwierig, weil es kaum gelingt, mit günstigen Preisen auf sich aufmerksam zu machen. Es sieht sie ja keiner.

Schließlich sollten auch die Kommunen, wenn sie Plätze für Ladesäulen ausweisen, besser darauf achten, dass mehrere Unternehmen diese betreiben. Ein gutes Beispiel ist Stuttgart: Im dortigen Vergabeverfahren bekamen fünf verschiedene Betreiber den Zuschlag für die neu aufzubauende Normal- und Schnellladeinfrastruktur.

Der Plan für den Ladesäulenmarkt orientierte sich am Tankstellenmarkt: Jede Ladesäule sollte wie eine Zapfsäule von einem

Unternehmen betrieben werden, das die Preise festlegt, und das mit anderen Unternehmen konkurriert. Doch ist bislang wenig Wettbewerb zu sehen. Wenn es dabei bleibt, wird der Ladesäulenmarkt wahrscheinlich umstrukturiert und sich am Strommarkt orientieren. Ladesäulen gehören dann zur Infrastruktur, und jeder, der eine solche Ladesäule anfährt, kann entscheiden, bei welchem Unternehmen er den Strom kaufen will. Der Ladesäulenbetreiber würde, wie der Stromnetzbetreiber, eine Vergütung für die Bereitstellung der Infrastruktur erhalten. Der Wettbewerb um den Aufbau der Ladeinfrastruktur wäre dadurch aber erheblich gestört. Preis ist auch nicht die einzige Dimension, die für den Kunden eine Rolle spielt. Qualität – im Falle von Ladesäulen insbesondere die Schnelligkeit des Ladevorgangs – ist auch wichtig. Wer wohin eine Schnellladestation baut, sollte aber aus dem Markt heraus geschehen und nicht reguliert werden. Zu einer Orientierung am Strommarkt sollte man es also besser nicht kommen lassen – zunächst sollten die oben beschriebenen Pfade für mehr Wettbewerb beschritten werden.

Klimapolitik vor Ort: Begleitung des Strukturwandels

Die entscheidenden Weichenstellungen der Klimapolitik werden auf europäischer, nationaler und internationaler Ebene getroffen. Umgesetzt werden die Maßnahmen aber „vor Ort“. Die Unternehmen werden ihre Produktion umstellen und in Klimaschutztechnologien investieren. Die Menschen werden auf Elektroautos umsteigen, ihre Wohnungen und Häuser klimatauglicher machen, und einige werden sich auch beruflich umorientieren müssen. Der lokalen Ebene kommt dabei eine wichtige Aufgabe zu. Aber (um auf unsere zwei Bewertungskriterien zurückzukommen): Die Reduktion von CO_2-Emissionen wird, wie in Kapitel 1 gezeigt wurde, weitgehend durch die nationalen und europäischen Instrumente gelenkt. Die Gemeinde wird vor allem für das zweite Kriterium benötigt, nämlich die Voraussetzungen dafür zu schaffen, dass die Energiewende so gut wie möglich bewältigt werden kann.

Das fängt an bei der Bereitstellung von Informationen über Solarpanele auf dem Dach und die Installation von Ladestationen in der Garage und reicht bis hin zum Ausweisen von Plätzen für öffentliche Ladestationen in der Stadt. Wenn die Kommune über klimapolitische Vorhaben und deren Folgen vor Ort informiert, kann dies dazu beitragen, Bedenken auszuräumen und die Akzeptanz für Vorhaben wie den Netzausbau oder die Installation von Windkraftwerken zu erhöhen. Eine Beteiligung der Gemeinde an den Erträgen wirkt sich positiv auf die Unterstützung für solche Projekte aus. Kommunen, die den Klimanotstand erklärt haben, können mit der Bereitstellung von Flächen für Windkraftwerke und mehr Akzeptanz für den Stromnetzausbau einen echten Beitrag zur Bekämpfung des Klimawandels leisten.

Sinnvoll sind also Aufklärung und Information einerseits und Investitionen in Infrastruktur andererseits: Ein Beispiel ist die Bereitstellung von Daten, etwa des öffentlichen Nahverkehrs, um neue Geschäftsmodelle zu ermöglichen. Die Anbieter von Leihfahrrädern könnten viel besser planen, wenn sie wüssten, welche Orte zu welchen Zeiten wie stark befahren sind. Zu den Aufgaben der Gemeinde gehört auch der Ausbau der Infrastruktur, um eine bessere Mobilität zu ermöglichen, zum Beispiel durch einen erweiterten öffentlichen Nahverkehr, zusätzliche Radwege und möglicherweise auch die Einführung einer City-Maut.

So hat die Stadt Mannheim, eine der 100 europaweiten Modellstädte für Klimaneutralität, einen „Local Green Deal“ erarbeitet, den Oberbürgermeister Peter Kurz auf der Weltklimakonferenz in Glasgow im November 2021 präsentierte. In einem breit angelegten Beteiligungsprozess erarbeiteten mehr als 2.500 Bürger, Unternehmen, Institutionen und Vereine bereits im Jahr 2019 ein „Leitbild 2030“, das die globalen Nachhaltigkeitsziele der UN auf lokaler Ebene für die Stadtgesellschaft formuliert. Ein Klimaschutzaktionsplan umfasst eine Strategie für Klimaschutz und Klimafolgenanpassung. Schon jetzt gibt es einen Dringlichkeitsplan, der den Ausbau von Solarenergie auf Verwaltungsgebäuden und Schulen, die Pflanzung von Bäumen und eine Aufforstung des Stadtwalds, mehr Dach- und Fassadenbegrünung, einen Ausbau des Radnetzes und die Umstellung der öffentlichen Beleuchtung auf sparsame LEDs vorsieht. Ein Teil der Maßnahmen, wie die Aufforstung des Stadtwalds, liefert einen originären Beitrag zur CO_2-Reduktion. Andere, wie der Ausbau des Radnetzes, tragen zu einer besseren Anpassung an die Folgen der Energiewende bei. Maßnahmen wie der Ausbau von Solarenergie sind dem Ziel geschuldet, die Stadt bis 2030 klimaneutral zu machen – sie haben aber keine zusätzliche Klimawirkung.

Auf einen weiteren Aspekt, der den Kommunen zahlreiche Handlungsmöglichkeiten bietet, soll hier nur am Rande eingegangen werden. Neben dem Ziel der Bewältigung der Energiewende werden in den Kommunen künftig auch Strategien zur Klimafolgenanpassung gefragt sein. Dies hat die Hochwasserkatastrophe in Rheinland-Pfalz und Nordrhein-Westfalen im Sommer 2021 einmal mehr deutlich gemacht. Auf wissenschaftlicher Ebene befassen sich Stadt-, Regional- und Verkehrsplaner bereits seit Längerem mit diesen Herausforderungen. Es gibt auch schon praktische Beispiele: So arbeitet die Stadt Bottrop seit gut zehn Jahren an einem „klimagerechten Stadtumbau“. „Wir bringen mehr Grün in die Städte, entsiegeln Böden, reduzieren den Verkehr, fördern E-Mobilität und zeigen den Bürgern, wie sie in ihrem Alltag Energie sparen können“, erklärte Oberbürgermeister Bernd Tischler das Konzept der Ruhrgebietsstadt.

Helfen wird dabei das von der Bundesregierung im Frühjahr 2022 aufgelegte Sofortprogramm für Kommunen zur Klimaanpassung, das vor allem eine Beratungs- und Informationsstelle beinhaltet. Die finanziellen Mittel sind überschaubar: bei 11.000 Städten und Gemeinden bekommt jede Kommune im Schnitt etwa 5.500 Euro Fördermittel. Dennoch ist es gut, dass das Thema Klimafolgenanpassung auch in Berlin angekommen ist, und nicht mehr nur als kommunale Aufgabe gesehen wird.

Klimapolitik für die Menschen – sozial ausgewogen

Gesellschaft und Wirtschaft werden sich in den nächsten 20 Jahren erheblich verändern. Sowohl Belastungen als auch Erleichterungen werden alle treffen – auf unterschiedliche Weise. Es werden neue Arbeitsplätze entstehen, etwa im Bereich der erneuerbaren Energien, andere Arbeitsplätze, etwa in der Produktion von Verbrennungsmotoren, werden verloren gehen. Manches mag günstiger werden – vielleicht der öffentliche Nahverkehr –, vieles teurer, zum Beispiel Benzin.

Dieser Preisanstieg ist bereits jetzt zu beobachten, wenngleich aus anderen Gründen. Der Ölpreis, der Anfang 2021 noch bei unter 55 US-Dollar pro Barrel (159 Liter) lag, stieg bis Januar 2022 auf 90 und nach Beginn des Ukrainekriegs teilweise auf mehr als 120 US-Dollar. Der Erdgaspreis hat eine ähnliche Entwicklung durchgemacht. Das starke Wirtschaftswachstum Ende 2021 hatte die Nachfrage nach Energie stark ansteigen lassen. Die Sorge vor Lieferunterbrechungen aufgrund des Kriegs in der Ukraine ließ den Preis weiter steigen. Dieser Anstieg trifft die Haushalte unmittelbar: Die Kosten für Heizung machen im Durchschnitt etwa vier bis fünf Prozent der Haushaltsausgaben aus, die Kosten für Kraftstoffe haben etwa denselben Anteil.

Eine Verdoppelung der Preise würde das Haushaltsbudget massiv belasten, zumindest wenn man die Heiztemperatur und die Autofahrten nicht reduziert. Für viele Haushalte ist das nur sehr schwer leistbar.

Dieser Preisanstieg war keine Konsequenz der Klimapolitik, sondern hatte andere Ursachen. Aber auch die Klimapolitik wird zu einem Anstieg der Heiz- und Kraftstoffkosten führen, wenn auch nicht so schnell und so drastisch. Die kommenden Belastungen sollten so sozialverträglich wie möglich verteilt werden. Doch wie macht man das am besten? Von vielen Regierungsberatern wird empfohlen, die Einnahmen aus dem CO_2-Emissionshandel sozial ausgewogen an die Bürger zurückzugeben, etwa in Form einer Kopfpauschale, sodass jeder denselben Betrag bekommt. So verteilt zum Beispiel die Schweiz einen Teil der Einnahmen aus der CO_2-Abgabe an alle Personen, die im Land wohnen und dort krankenversichert sind. Der Betrag wird mit dem Beitrag zur Krankenversicherung verrechnet. Die Bundesregierung hat im Koalitionsvertrag etwas Ähnliches vereinbart: „Um einen künftigen Preisanstieg zu kompensieren und die Akzeptanz des Marktsystems zu gewährleisten, werden wir einen sozialen Kompensationsmechanismus […] entwickeln (Klimageld)."

Dieses Klimageld, auch Klimadividende oder Energiegeld genannt, sieht die Ausschüttung eines pauschalen Betrags für alle vor. Wenn jede Person in Deutschland 100 Euro erhalten würde, würde das etwa 8 Mrd. Euro kosten. In der Umsetzung ist dies gar nicht so einfach, da es bislang keine Zahlung an alle gibt, an die man andocken könnte. Die Schweiz hat den Vorteil, dass dort jeder krankenversichert ist und Prämien nicht nach dem Einkommen gestaffelt sind. In Deutschland ist dies komplizierter: So sieht das Energieentlastungspaket der Bundesregierung vom März 2022 vor, dass alle einkommenssteuerpflichtigen Erwerbstätigen über die Lohnabrechnung eine Energiepreispauschale von 300 Euro bekommen, die sie versteuern müssen. Für Selbstständige ist beabsichtigt, dass sie diese Pauschale durch eine verringerte Steuervorauszahlung erhalten. Empfänger von Sozialleistungen bekommen 100 Euro pro Person. Rentner erhalten keine Direktzahlung. Weitere Maßnahmen wie die Senkung der Kraftstoffsteuer und das verbilligte Monatsticket im ÖPNV betreffen alle. Damit zukünftig Klimageld an alle ausgezahlt werden kann, ist vorgesehen, „möglichst" noch in diesem Jahr einen Auszahlungsweg über die steuerliche Identifikationsnummer zu entwickeln.

Was spricht für ein solches Klimageld? Zum einen würde es die Klimamaßnahmen, und dabei insbesondere den CO_2-Preis im Rahmen der Emissionshandelssysteme, der Bevölkerung schmackhafter machen. Der Staat nimmt das Geld nicht ein, um sich zu „bereichern", sondern gibt es wieder an die Haushalte zurück. Umfragen zeigen, dass dies auch so wahrgenommen wird: Menschen sind eher bereit, sich für eine CO_2-Zahlung auszusprechen, wenn sie wissen, dass die Einnahmen an die Bevölkerung zurückgegeben werden. Zum anderen ist eine solche Maßnahme, also die CO_2-Zahlung gemeinsam mit dem Klimageld, „progressiv" im steuertechnischen Sinne: Wohlhabende werden belastet, ärmere Haushalte entlastet. Das liegt daran, dass reichere Haushalte tendenziell einen größeren CO_2-Fußabdruck haben, weil sie in größeren Wohnungen leben und dort mehr heizen, mehr und größere Fahrzeuge mit höherem Kraftstoffverbrauch besitzen und öfter mit dem Flugzeug reisen. Allerdings ist relativ zum Einkommen die Belastung für wohlhabendere Haushalte geringer. Der statistische CO_2-Fußabdruck eines Haushalts mit doppelt so viel Einkommen ist zwar größer, aber nicht doppelt so groß wie der des Haushalts mit dem geringeren Einkommen.

Eine CO_2-Zahlung alleine ist demnach „regressiv": Personen mit geringem Einkommen würden relativ mehr von ihrem Einkommen zahlen. Gemeinsam mit dem Klimageld aber, das für alle gleich ist, bringt es unter dem Strich für die ärmeren Haushalte eine Entlastung und für die reicheren eine Belastung. Zudem hat es den positiven Effekt der Verhaltensänderung hin zu emissionsärmeren Produkten durch den CO_2-Preis.

Also eine gute Idee? Nicht ganz. Einnahmen aus der CO_2-Abgabe und dem Emissionszertifikatehandel sind nicht die einzigen Einnahmen des Bundes. Hinzu kommen Steuern und weitere Abgaben. Diesen Einnahmen des Staatshaushalts stehen die Ausgaben gegenüber. Reichen die Einnahmen für die Ausgaben nicht aus, macht der Staat zusätzlich Schulden. Den Ausgaben sieht man jedoch nicht an, durch welche Mittel sie finanziert werden. Man spricht in diesem Zusammenhang vom Non-Affektationsprinzip oder Gesamtdeckungsprinzip. Es beschreibt den Haushaltsgrundsatz, dass sämtliche Einnahmen eines öffentlichen Haushalts zur Deckung sämtlicher Ausgaben dienen, also nicht zweckgebunden sind. Selbst wenn man sie zweckbinden würde, hätte dies eher politische als ökonomische Gründe. So gibt es beispielsweise Sondervermögen im Bundeshaushalt wie den „Energie- und Klimafonds", dessen Mittel unter anderem aus den Emissionshandel stammen. Mit diesem Fonds sollen Klimaschutzmaßnahmen finanziert werden.

Doch obwohl hier eine stringente Verknüpfung zwischen Ein- und Ausnahmen suggeriert wird, ist doch klar, dass man diese Ausgaben auch durch Steuermittel hätte finanzieren können. Am Ende gilt: Gesamtausgaben gleich Gesamteinnahmen (plus Schulden), egal wo sie herkommen. Insofern ist die Verbindung des Klimageldes mit den CO_2-Einnahmen zwar medienwirksam – der Staat bereichert sich nicht an den neuen Einnahmen –, aber für die Bilanz irrelevant. Denn er bereichert sich dann eben stärker an anderen Einnahmen, er hätte mit dem Geld ja auch Steuern senken können.

Und dies führt zur relevanten Frage: Wofür sollen diese zusätzlichen staatlichen Einnahmen verwendet werden? Genauer: Wie sollten die Staatseinnahmen und -ausgaben angepasst werden, wenn durch die CO_2-Bepreisung zusätzliche Einnahmen generiert werden? Wenn man die finanzwissenschaftliche Literatur dazu durchgeht, kommen viele Möglichkeiten infrage. Aber eine ist nicht dabei – das Geld als Kopfpauschale an alle in gleicher Höhe auszuzahlen.

Der Grund dafür ist, dass Steuern „verzerrend" wirken. Manchmal ist diese Verzerrung gewollt, zum Beispiel bei einer CO_2-Steuer, die dazu führt, dass Menschen und Unternehmen weniger umweltschädigend handeln, einfach, weil es teurer ist. Aber häufig nicht. So ist zum Beispiel das Ehegattensplittung, das den höchsten steuerlichen Vorteil verspricht, wenn ein Partner nur wenig verdient oder gar nicht arbeitet, einer der Hauptgründe, warum in Deutschland Frauen viel häufiger einer Teilzeitbeschäftigung nachgehen als in anderen Industrieländern. Der Zweitverdiener muss nämlich dann relativ hohe Steuern zahlen, was den Anreiz schmälert, viel arbeiten zu gehen. Ein großes Forschungsgebiet der Wirtschaftswissenschaften befasst sich deshalb mit der Frage, wie sich solche Ineffizienzen bei der Steuererhebung reduzieren lassen.

Die britische Premierministerin Margaret Thatcher wollte diese Verzerrungen Ende der 1980er Jahre mit einer radikalen Lösung bekämpfen: Sie führte eine Kopfsteuer („poll tax") ein, die für alle gleich war. Für den Steuerzahler ist das anreiztheoretisch neutral und damit besser als jede Einkommenssteuer: Da man denselben Betrag bezahlt, egal ob man viel oder wenig Geld verdient, lohnt es sich bei einer Kopfsteuer eher, mehr zu arbeiten. Aber gesellschaftlich ist genau das natürlich auch das Problem – wenn der Chefarzt dasselbe bezahlt wie die Pflegerin, ist dies sozial ungerecht. Dementsprechend führte die Kopfsteuer zu Protesten, und 18 Mio. Briten weigerten sich, sie zu bezahlen. Die Einführung dieser Steuer war der Anfang des politischen Endes von Margaret Thatcher. Im November 1990 trat sie als britische Premierministerin zurück.

Kommen wir nun auf das Pendant der Pro-Kopf-Steuer zurück, nämlich die Pro-Kopf-Zahlung wie beim Klimageld. Sie hat weder eine individuelle Anreizwirkung – wie auch die Pro-Kopf-Steuer, da jeder denselben Betrag bekommt –, noch ist sie besonders sozial, denn die Chefärztin erhält denselben Betrag wie der Pfleger. Sie ist vielmehr eine verpasste Chance. Im Gegensatz dazu sprechen sich viele schon lange für CO_2-Abgaben in Kombination mit sozialpolitischen Maßnahmen oder Steuersenkungen aus. Die Wissenschaft hat dafür den Begriff der „doppelten Dividende" geprägt. Doppelte Dividende deshalb, weil mit den CO_2-Abgaben umweltschädliches Verhalten teurer und damit unattraktiver wird. Das ist die erste Dividende. Wenn man die Einnahmen dafür verwendet, verzerrende Steuern zu senken und diese dann weniger verzerren, bekommt man eine zweite Dividende. Eine andere Möglichkeit wäre, die Mittel dafür zu nutzen, die Schulden zu reduzieren, damit spätere Generationen weniger Steuern zahlen müssen. Wenn man die Mittel für sozialpolitische Maßnahmen verwendet, etwa indem man die ärmeren Haushalte unterstützt, erhält man ebenfalls eine zweite Dividende. Hinzu kommt, dass insbesondere einkommensschwache Haushalte in vielen Fällen neben den finanziellen Entlastungen zusätzliche Hilfe benötigen, um z. B. in Energieeffizienz zu investieren, wie eine Studie des ZEW von 2022 zeigt. Einen Kühlgerätetausch hin zu einem effizienteren Gerät, der sich eigentlich schnell rechnen würde, können sich einkommensschwächere Haushalt häufiger nicht leisten. Ein zeitlich befristeter Tauschgutschein kann die Tauschwahrscheinlichkeit merklich erhöhen. Mit einem Klimageld verzichtet man auf diese zweite Dividende.

Die vorherige Bundesregierung hat kein Klimageld ausgezahlt, sondern stattdessen zeitgleich mit der Einführung des deutschen Emissionszertifikatehandels die EEG-Umlage reduziert. Auch wenn wegen des Gesamtdeckungsprinzips die beiden Maßnahmen erstmal getrennt betrachtet werden sollten, wurden diese doch kommunikativ verknüpft, um das Signal zu geben, dass sich der Staat nicht an den CO_2-Einnahmen bereichert. Mit der Senkung der EEG-Umlage wurde der Strom verbilligt, was wiederum für die Sektorenkoppelung wichtig ist: So kann Strom leichter für Elektrofahrzeuge und Elektroheizungen verwendet werden. Eine doppelte Dividende!

Mit diesen Bausteinen wird das Versprechen der sozial-ökologischen Marktwirtschaft eingehalten: Ein Klimaklub, damit möglichst viele Länder mitmachen. Europäische Emissionsmärkte mit ihren CO_2-Preisen, um den Klimaschutz in die Märkte und Lieferketten zu bekommen. Eine verlässliche Regierungspolitik, die Anreize für Forschung gibt und gemeinsam mit den Ländern und Gemeinden die Infrastruktur ausbaut. Ein weitgehendes freies Wirken der Märkte, die mit ihren Innovationen die Energiewende voranbringen und bezahlbar machen. Und das begleitet von einer wohl verstandenen Sozialpolitik, die keine Vollkaskomentalität erzeugt, sondern Belastungsspitzen auffängt und die vulnerablen Haushalte schützt.

6. Klimaschutz für jeden Einzelnen: Gutes Gewissen im Dschungel der Klimapolitik

Im Frühjahr 2022 war ich zu einem Vortrag in der Evangelischen Stadtakademie Bochum eingeladen zum Thema „Gemeinwohlziele erreichen: Die Aufgaben von Staat und Markt". Es ging um dasselbe Thema wie in diesem Buch: Was muss getan werden, um die Energiewende erfolgreich zu gestalten? Nach einer intensiven Diskussion wandte sich das Gespräch schließlich der Frage zu, was denn jeder Einzelne beitragen könne – jenseits der Aufgaben von Staat und Markt. Die Stadtakademie ist stark im Klimaschutz engagiert und hatte vor dem Vortrag an alle Besucher ein Informationsblatt mit dem Titel „Klimaschutz: Was Sie tun können" verteilt. Neben vielen hilfreichen Internetadressen stand an erster Stelle: „Reden Sie mit Politiker*innen und fordern Sie die schnelle und konsequente Umsetzung der wissenschaftlichen Erkenntnisse." Diese Empfehlung findet sich auch in vielen Büchern zur Klimapolitik. Ich stimme dem völlig zu, würde aber ergänzen wollen, dass es dabei nicht nur um naturwissenschaftliche, sondern auch um wirtschafts- und sozialwissenschaftliche Erkenntnisse gehen sollte. Denn sie können wichtige Fragen beantworten wie zum Beispiel: Wie soll mit den hohen Energiepreisen umgegangen werden? Wie gelingt es, einen zweiten Emissionszertifikatehandel einzuführen? Welche Instrumente regen zu neuen Innovationen an? Das Gespräch mit der Politik suchen, und sich für eine zügige Umsetzung dieser Erkenntnisse einzusetzen, ist in jedem Fall ein guter Ratschlag.

Die zweite Empfehlung lautete: „Ändern Sie ihren Lebensstil. [...] Die Pflege von Freundschaften statt überbordendem Konsum, der Umzug in eine kleinere Wohnung, eine Photovoltaikanlage auf dem Dach, Fahrrad und die eigenen Füße zur Mobilität, regional und saisonale Biolebensmittel sind nur einige wenige Beispiele." Bevor man seinen Lebensstil ändert, lohnt es sich jedoch, genauer hinzuzuschauen, welche individuellen Maßnahmen tatsächlich eines der beiden Kriterien zur Bewertung von klimapolitischen Maßnahmen erfüllt: Wird dadurch eine Klimawirkung erzielt oder trägt sie dazu bei, dass man besser für die Energiewende aufgestellt ist?

Aktive Klimaschutzmärkte – Klimaschutz muss sich lohnen

In den Bereichen, in denen die Klimaschutzmärkte, insbesondere die Märkte für Emissionszertifikate, im Hintergrund agieren, wirken sich individuelle Entscheidungen nicht auf das Klima aus. Dies gilt für die Sektoren Energie, Industrie, den innereuropäischen Flugverkehr (zumindest teilweise) und bald auch für den Schiffsverkehr. Wer sich eine Photovoltaikanlage auf das Dach baut, verbraucht weniger Strom aus konventioneller Erzeugung. Die konventionellen Kraftwerke benötigen deshalb weniger Zertifikate, die dann aber an anderer Stelle verbraucht werden – der beschriebene Wasserbetteffekt. Eine Photovoltaikanlage macht vor allem dann Sinn, wenn sie sich für den Einzelnen auszahlt. Das ist häufig der Fall, da Strom teuer ist und die Installation finanziell gefördert wird. Man kann das Dach auch verpachten, um andere dort Strom erzeugen zu lassen. Klimaschutz muss sich also auch finanziell lohnen. Wenn man allerdings in einem der Bundesländer wohnt, in denen Solaranlagen bei Neubauten oder Dachsanierungen Pflicht sind, dann hat man keine Wahl.

Aufgrund des Emissionshandels entstehen durch innereuropäische Flüge keine zusätzlichen CO_2-Emissionen. Der Zertifikatehandel bezieht sich jedoch nur auf CO_2, nicht aber auf andere Klimaauswirkungen des Fliegens. Flugzeuge stoßen in der Atmosphäre Wasserdampf, Schwefel und Stickoxide aus. Diese Partikel beeinflussen auch die Konzentration von Ozon in der Atmosphäre und tragen damit zur Erderwärmung bei. Hier sollte der Emissionshandel nachbessern, um diese Effekte mit zu berücksichtigen. Wer also sichergehen will, dass der eigene Flug nach Mallorca keine zusätzliche Emissionswirkung hat, sollte entweder darauf verzichten oder aber diesen kompensieren. Wenn die Familienmitglieder dann aber lieber alle fliegen – es wird ja kompensiert –, statt mit der Bahn zu fahren, dann geht es einem wie der Gemeinde, die Flüge ihrer Mitarbeiter kompensiert. Man muss dann wirklich darauf vertrauen, dass die Kompensationen auch wirken.

Man kann mittlerweile auch Zertifikate aus dem EU-ETS erwerben und diese stilllegen. Dann würde der Wasserbetteffekt nicht greifen, da ja Zertifikate aus dem Markt rausgenommen werden. Allerdings ist die Zertifikateanzahl so gewählt, dass die europäischen Einsparziele erfüllt werden. Ein Stilllegen von Zertifikaten führt zu einer Übererfüllung dieser Ziele, die der Souverän festgelegt hat, also das europäische Parlament gemeinsam mit der EU-Kommission und den nationalen Regierungen. Das kann man wollen, aber da die Einsparziele bereits sehr ambitioniert sind, können wir froh sein, wenn wir diese zu akzeptablen Kosten schaffen werden. Und die Kostenfrage ist dabei wesentlich – für die Unterstützung in der Gesellschaft, und die Kopierfähigkeit der Maßnahmen durch dritte Staaten.

Nicht aktive Klimaschutzmärkte – Klimaschutz sollte sich lohnen

Anders sieht es bei den Sektoren aus, die nicht im europäischen oder deutschen Emissionszertifikatehandel sind, oder besser gesagt noch nicht. Dies betrifft zum Beispiel Flüge ins außereuropäische Ausland. Es gibt zwar Bemühungen, ein internationales Abkommen auszuhandeln, damit auch für diese Flüge CO_2-Preise fällig werden, aber noch gibt es keine entsprechende Übereinkunft. Wer also auf solche Reisen verzichtet, leistet tatsächlich einen Beitrag zum Klimaschutz.

Die EU-Kommission versucht außerdem, einen Emissionszertifikatehandel für die Bereiche Gebäude und Verkehr einzurichten. Deutschland hat einen eigenen Zertifikatehandel für diese Sektoren, aber derzeit mit festen Preisen und einer variablen Zahl an Zertifikaten. Wenn die Zahl variabel ist, gibt es keinen Wasserbetteffekt, Einsparungen an einer Stelle führen also nicht zu Mehrverbrauch an einer anderen. Ein weiterer wichtiger Sektor, die Landwirtschaft, ist in keinen dieser Umweltmärkte eingebunden.

In diesen Sektoren können individuelle Handlungen also einen echten Mehrwert für das Klima bringen. Weniger Autofahren bedeutet weniger Kraftstoffverbrauch und damit weniger Emissionen. Der Effekt ist allerdings nicht 1:1 – ein Liter Benzin oder Diesel weniger führt nicht zu einem Rückgang der Emissionen in der gleichen Menge. Warum? Eine geringere Nachfrage nach Kraftstoffen bei uns führt zu niedrigeren Preisen, und damit wird tendenziell anderswo auf der Welt mehr Kraftstoff verbraucht, weil er dort nun billiger geworden ist. Außerdem muss sichergestellt werden, dass das Öl langfristig in der Erde bleibt und nicht einfach später verbraucht wird – dafür soll ja der Klimaklub sorgen. Dennoch, weniger Autofahren hat eine Klimawirkung, und bei den aktuell hohen Preisen ist es auch gut für das Portemonnaie. Gleiches gilt für das Heizen: Die Temperatur zu senken und weniger Öl und Gas zu verbrauchen, hat eine Klimawirkung und trägt außerdem dazu bei, dass wir uns mittelfristig aus der Abhängigkeit von Russland und anderen Staaten lösen. Hohe CO_2-Preise auf Gas, Öl und Kraftstoffe helfen, diese Entscheidung zu treffen.

Das trifft auch auf den Sektor zu, den wir bislang ausgespart haben – die Landwirtschaft. Hier gibt es bislang so gut wie keine Umweltmärkte und keine Bepreisung klimaschädlicher Emissionen. Derzeit wird über Anreize diskutiert, damit Land- und Forstwirte Maßnahmen ergreifen, die Treibhausgase binden, zum Beispiel durch die Wiederaufforstung von Wäldern oder die Wiederherstellung von Sumpf- und Moorgebieten. Gerade für die Nutzung von Wäldern als sogenannte CO_2-Senken scheint die Zahlungsbereitschaft von Haushalten, ermittelt durch Befragungen, recht hoch zu sein. Ein Grund dafür ist sicherlich auch, dass mehr Wälder weitere Vorteile wie Artenvielfalt, bessere Luftqualität, in ihrer Funktion als Wasserspeicher und als Naherholungsgebiet mit sich bringen.

In diesem Bereich kann individuelles Verhalten einen Klimabeitrag leisten – durch weniger Fleischkonsum. Bereits 2013 setzte sich die Partei Bündnis 90/Die Grünen für einen „Veggie Day“ ein. Jede Kantine sollte einmal die Woche fleischlos kochen. Das sorgte damals für viel Aufregung, der Vorwurf der Bevormundung stand im Raum. Aus heutiger Sicht kann man sagen, dass die Grünen ihrer Zeit voraus waren. Ein fleischloser Tag pro Woche oder eine fleischarme Ernährung ist heute schon bei vielen Menschen üblich. Politisch ist es vermutlich besser, dies nicht durch Verbotsregeln durchzusetzen: Wenn die Umwelt- und Klimakosten, die die Fleischproduktion verursacht, in die Preise einfließen würden und Fleisch dementsprechend teurer wäre, würden sich Veggie Days auch finanziell lohnen.

Dieser letzte Punkt ist wesentlich und betrifft all die Bereiche, die (noch) nicht von CO_2-Preisen erfasst sind. Das Informationsblatt der Stadtakademie Bochum empfiehlt statt „überbordendem Konsum" die Pflege von Freundschaften. Das ist sicher sinnvoll, aber was genau ist überbordender Konsum? Und wie ist die Klimabilanz all der Güter und Dienstleistungen, die wir konsumieren? Was ist mit Toaster, Fön, Kleidung, Kino- und Theaterbesuch? Sollte man besser eine Jeans oder eine Chino kaufen? Ist die regionale Tomate besser als die Biotomate aus Spanien? Allein der Fußabdruck einer Tomate ist schon Objekt vieler wissenschaftlicher Studien. Emissionen entstehen beim Heizen des Gewächshauses, bei der Produktion und dem Transport von Düngemitteln und Pflanzenschutzmitteln, bei der Herstellung der Verpackungsmaterialen für die Tomaten, bei der Verpackung selber, beim Transport und bei der Lagerung. Um all diese Komponenten sauber zu analysieren, bedarf es einiges an Aufwand. Es gibt zwar Überlegungen, leicht verständliche Informationen zur Klimabilanz eines Produkts, etwa in Form eines Klimalabels, einzuführen. Doch bis dahin bleibt man ratlos.

Solche Fragen überfordern uns, weil wir die ganze Lieferkette dieser Produkte kennen müssten, um sie beantworten zu können. Entscheidungen für einen nachhaltigen Konsum würden leichter fallen, wenn es für alles adäquate CO_2-Preise gäbe. Diese würden sich durch die gesamte Lieferkette ziehen, und man wüsste, dass der Klimaschaden in der Kalkulation berücksichtigt ist. Dann würde man auch am Preis sehen, was das klimafreundlichere Produkt ist. Klimaschutz sollte sich also finanziell lohnen, damit wir die richtigen Entscheidungen einfach treffen können.

Der Blick nach vorne – Klimaschutz wird sich lohnen

Das Klimaschutzprogramm der Regierung und der EU-Kommission ist sehr ambitioniert, die Unternehmen haben eigene Klimaschutzprogramme aufgezogen – die Energiewende kommt, und sie geht mit höheren Energiepreisen einher: Kraftstoff, Heizkosten und Strom werden teurer. Strom aus erneuerbaren Energien wird wegen des technischen Fortschritts zwar immer günstiger, weil er aber mit teuren Speichertechnologien und teuren Wasserstoff-Kraftwerken gegen Ausfälle abgesichert werden muss, ist das Stromsystem der Zukunft teurer als das heutige. Um fair zu sein: Das heutige ist auch deshalb so billig, weil die Klimaschäden nicht adäquat abgebildet werden.

Wenn also zukünftig weitere Belastungen auf uns zukommen, sollten wir dies bei unseren Investitionen heute schon berücksichtigen – unser zweites Kriterium zur Bewertung von Maßnahmen, die Einstellung auf die Energiewende. Wer überlegt, ein neues Auto zu kaufen, sollte, wenn Fahrrad und ÖPNV keine Alternative sind, vielleicht schon heute auf ein E-Fahrzeug umstellen, da die Kraftstoffe in der Zukunft eher teurer werden. Oder aber zunächst zwar einen Verbrenner, aber nur ein Gebrauchtfahrzeug kaufen oder auf Car-Sharing umstellen, damit in ein paar Jahren der Umstieg erfolgen kann. Wer seine Heizung erneuern muss, sollte überlegen, schon jetzt eine Wärmepumpe einzubauen. Muss das Dach sowieso saniert werden, sollte die Installation einer Solaranlage geprüft werden. Die Märkte im Hintergrund geben die (CO_2-)Preissignale, und diese werden immer relevanter. Unser Konsum und unsere Investitionen sollten auf diese Signale reagieren. Klima lohnt sich.

Danksagung

Bei der Erstellung dieses Buches haben viele Personen mitgewirkt. Bedanken möchte ich mich bei der Lektorin Wera Reusch, die den Text so lesbar gemacht hat. Ein besonderer Dank geht an Kaja von Campenhausen vom ZEW, die mit hoher Energie (ich hoffe, erneuerbarer Energie) das Buchprojekt vom ersten Tag bis zur Abgabe des Skripts begleitet, unterstützt, manchmal gelenkt und immer wieder kritisch kommentiert hat. Außerdem danke ich den ZEW-Mitarbeiterinnen und -Mitarbeitern Dr. Jan Abrell, Yasemin Karamik, Prof. Martin Kesternich, Dr. Karolin Kirschenmann, Dr. Marion Ott, Dr. Ana Helena Palermo Kuss, Prof. Sebastian Rausch, Prof. Holger Stichnoth und Prof. Kathrine von Graevenitz, die das Skript zum Buch gelesen und kommentiert haben. Schließlich möchte ich dem ganzen Team des Forschungsbereichs „Umwelt- und Klimaökonomie" am ZEW danken, den ich vier Jahre lang leiten durfte. Dabei habe ich viel über Klimaökonomie gelernt.

Dem Herder Verlag, insbesondere seinem Programmleiter Politik und Geschichte Patrick Oelze und der Lektorin Sara Weydner, bin ich dankbar für die ausgezeichnete Zusammenarbeit und die vielen extrem hilfreichen Anmerkungen zum Manuskript.

Das Buch wurde fertiggestellt im Mai 2022. Alle Daten und historischen Entwicklungen konnten nur bis zu diesem Stichtag berücksichtigt werden.

Literaturhinweise

Es gibt unzählige Artikel, Bücher und Gutachten zur Klimapolitik. In diesem Buch haben wir uns darauf konzentriert, wie nationale und internationale Märkte, die teilweise zur Lösung der Klimaproblematik erst geschaffen wurden, ineinandergreifen und welchen Beitrag sie leisten können. Die folgende Literaturübersicht konzentriert sich auf Arbeiten, die sich mit diesen Märkten und Institutionen der Klimapolitik auseinandersetzen.

Bei jedem Markt gilt es zunächst, die Regeln dieses Markts zu verstehen. Einen ersten Einblick in diese Regeln liefern die dazu passenden Seiten des Umweltbundesamts (UBA):

- Zum europäischen und deutschen Emissionshandel: https://www.umweltbundesamt.de/themen/wie-funktioniert-der-emissionshandel
- Das UBA hat dazu jeweils einen Erklärfilm gedreht: https://www.umweltbundesamt.de/themen/uba-erklaerfilm-deutschen-emissionshandel-fuer

Mit einem guten Verständnis der Märkte kommen wir zu den Fragen, mit denen sich dieses Buch beschäftigt. Wie können die Märkte genutzt werden oder neue Märkte geschaffen werden, um die Klimaziele zu erreichen? Diese Fragen werden in den Wirtschaftswissenschaften intensiv diskutiert. In die Wirtschaftspolitik halten sie Einzug durch Gutachten, insbesondere die der wissenschaftlichen Beiräte und des Sachverständigenrats.

Zur Rolle von CO_2-Preis und Emissionshandel:

- Sachverständigenrat zur Begutachtung der gesamtwirtschaftlichen Entwicklung 2019: Aufbruch zu einer neuen Klimapolitik, https://www.sachverstaendigenrat-wirtschaft.de/fileadmin/dateiablage/gutachten/sg2019/sg_2019.pdf
- Wissenschaftlicher Beirat beim Bundesministerium für Wirtschaft und Energie 2019: Energiepreise und effiziente Klimapolitik, https://www.bmwi.de/Redaktion/DE/Downloads/Wissenschaftlicher-Beirat/pressemitteilung-wissenschaftlicher-beirat-gutachten-energiepreise-und-effiziente-klimapolitik.pdf?__blob=publicationFile&v=6
- Wissenschaftlicher Beirat beim Bundesministerium für Wirtschaft und Energie 2016: Die essenzielle Rolle des CO_2-Preises für eine effektive Klimapolitik, https://www.bmwi.de/Redaktion/DE/Publikationen/Ministerium/Veroeffentlichung-Wissenschaftlicher-Beirat/wissenschaftlicher-beirat-rolle-co2-preis-fuer-klimapolitik.html

Frühere Studien, die die Grundlagen guter Klimapolitik aufbereiten:

- Wissenschaftlicher Beirat beim Bundesministerium für Wirtschaft und Energie 2012: Wege zu einer wirksamen Klimapolitik, https://www.bmwi.de/Redaktion/DE/Publikationen/Ministerium/Veroeffentlichung-Wissenschaftlicher-Beirat/gutachten-wege-zu-einer-wirksamen-klimapolitik.pdf?__blob=publicationFile&v=3
- Wissenschaftlicher Beirat beim Bundesministerium der Finanzen 2010: Klimapolitik zwischen Emissionsvermeidung und Anpassung, https://www.bundesfinanzministerium.de/Content/DE/Standardartikel/Ministerium/Geschaeftsbereich/Wissenschaftlicher_Beirat/

Gutachten_und_Stellungnahmen/Ausgewaehlte_Texte/0903111a3002.pdf?__blob=publicationFile&v=3

Klimaklub und CO_2-Grenzausgleich:

- Wissenschaftlicher Beirat beim Bundesministerium für Wirtschaft und Energie 2021: Ein CO_2-Grenzausgleich als Baustein eines Klimaclubs, https://www.bmwi.de/Redaktion/DE/Publikationen/Ministerium/Veroeffentlichung-Wissenschaftlicher-Beirat/gutachten-co2-grenzausgleich.html

Energiemarktdesign/Sektorenkoppelung:

- acatech/Leopoldina/Akademienunion 2020: CO_2 bepreisen, Energieträgerpreise reformieren. Wege zu einem sektorenübergreifenden Marktdesign, https://www.acatech.de/publikation/co2-bepreisen-energietraegerpreise-reformieren/
- acatech/Leopoldina/Akademienunion 2020: Netzengpässe als Herausforderung für das Stromversorgungssystem. Optionen zur Weiterentwicklung des Marktdesigns, https://www.acatech.de/publikation/netzengpaesse-als-herausforderung-fuer-das-stromversorgungssystem/
- Monopolkommission 2021: 8. Sektorgutachten Energie: Wettbewerbschancen bei Strombörsen, E-Ladesäulen und Wasserstoff nutzen, https://www.monopolkommission.de/images/PDF/SG/8sg_energie_volltext.pdf

Wer auf den Geschmack gekommen ist und noch mehr lesen möchte, dem sei folgendes unaufgeregte und sachliche Buch zur Klimapolitik empfohlen:

Edenhofer, O., Jakob, M. (2019): Klimapolitik. Ziele, Konflikte, Lösungen. 2., aktualisierte und erweiterte Auflage, C.H. Beck Verlag, München, 144 Seiten.